JN192138

幾何学と宇宙

《新装版》

木原太郎［著］

東京大学出版会

編集委員
伊理正夫
小出昭一郎
斎藤正男
杉浦光夫
竹内　啓
藤田　宏
米田信夫

は し が き

本書は微分幾何学と一般相対論と宇宙論とを，一つのモダンな入門書になるように，まとめたものである.

幾何学的な論理と感覚とは，現代の物理学や天文学と結びついて，一つの自然観を形づくっている．科学技術にたずさわる人がこの成果を一応身につけておくことは大へん有意義であると思われる．このような認識のもとに，大学理工系3年次以後の学生を主な対象として，この書を草した.

第1章はいわゆる古典的微分幾何学であり，第3章への準備を兼ねてまとめてある．第2章で数学の各方面で使われる多様体についてごく基礎的なことがらを学ぶ．この二つの章は，どちらを先に読んでもよい．第3章は一般相対論を学ぶために必要な幾何学ということができる．第4章は数学から物理学への橋渡しであり，第5章でこれに基づく一般相対論と観測による裏づけを記述する．第6章では現在の宇宙の構造とその構造ができた過程を考える.

本書の目的をひと言でいえば

C. F. Gauss (1777–1855),

B. Riemann (1826–1866),

A. Einstein (1879–1955)

の3人の天才のリレーによって打ち立てられた“幾何学的宇宙観”を養うことである．ただ，宇宙の大域的な姿を本格的に論じることは，観測事実が決定的でないことと，必要とする幾何学の程度の高さから，本書の目的とはしていない．しかしこのことについては，“宇宙は無限か有限か？”という素朴な問を意識して，一つの読みもの風の考察をプロローグとエピローグで試みている.

東京大学理学部での“一般相対論”の講義と電気通信大学での“幾何学的自然観”の講義とが本書の土台となっている．これらは，履修することによって，中学・高校の数学科教職の資格を取得するための幾何学の単位となる科目であった．大学でのこのような授業の教科書としても本書が使えるように配慮してある．たとえば週1回，半年の授業で微分幾何学と一般相対論とを一通り学ぶためには，次のように選ぶことも可能であろう：第1章(§1.1—§1.5, §1.9)，第3章(§3.1—§3.7, §3.9)，第4章，第5章.

原稿作成中，電気通信大学の同僚の方々から有益な助言を受けた．また天体写真2葉(図6.2と図6.4)は東京大学東京天文台の高瀬文志郎教授の好意による．特に記して感謝の気持を表わしたい．なお，東京大学出版会の小池美樹彦さんと大瀬令子さんには編集・校正などでいろいろお世話になった．

1983年1月

木原 太郎

目　　次

記　　号

平面極座標	r, φ	
空間極座標	r, θ, φ	
空　集　合	ϕ	(第2章)
Christoffel 記号	$\Gamma^i{}_{kl}$	式(3.18)
Newton ポテンシャル	ϕ	式(4.42)
万有引力定数	G	
$8\pi G/c^4$	κ	式(5.10)
星の重力半径	r_g	式(5.13)

プロローグ　“マンジ”たちの不思議な舞台

§0.1　平坦な舞台

天上の神様は，幾何学の教材として，まだ見たこともない生物を作り，これをマンジと名づける．十文字の体の先から4本の手が出ていて，からだの表面から見るとその形がまんじ(卍)になっているからである．厚みはほとんどない．液体の極めて薄い層の中を2次元的に運動できる．知能は十分高く，特に幾何学を得意とする．

神様は長方形のガラス板を2枚用意し，これらをごく僅かな間隙を残して重ね，その間隙に液体をつぎ込み，数ひきのマンジを表の向きをそろえて入れる．間隙は周囲に近づくにつれて次第に狭くなり，周囲でゼロになる．マンジは自分の体をいくらでも薄くすることができるが，ゼロにはできない．従って周囲にいくらでも近づけるが，周囲に到達することはない．いいかえれば，マンジの活動する領域は**周囲を含まない**舞台である(図0.1)．

からだの先から細い糸をふき出させてピンと張ることにより，マンジは**直線**を描くことができる．さらに，このような直線に沿って体を**平行**に保ったまま移動することができる．ここに，直線に沿って平行に移動するとは，十文字の体と直線とのなす角を一定に保ちながら動くことである．

マンジは，舞台が**平坦**(flat)であるかどうかについて関心が深い．3角形を任意に描き，その辺に沿って体を平行に保ちながら一周する．もとの位置に戻ったとき，十文字の体が初めの角度とつねに一致することを確める．こうして，

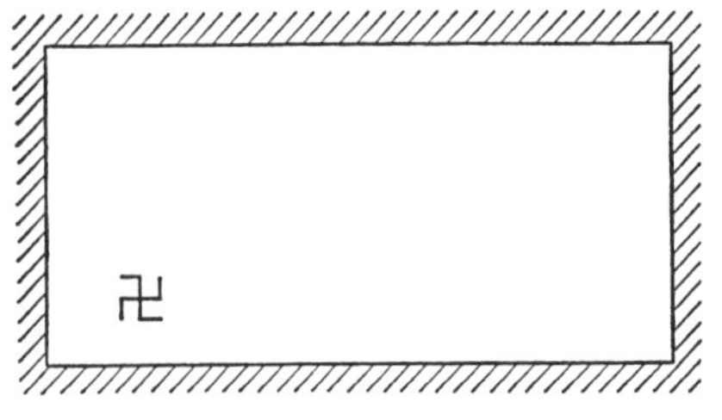

図 0.1　平坦な舞台．周囲を含まない．

マンジは舞台が平坦であることを知る．

舞台に周囲または境界があると，そこでは“平坦”という語が使えない．初めから周囲を含めないのは，一つには，そのためである．

さて，神様はこれを人間に示し，この利口なマンジたちを使ってさらに実験を進めるよう促す．そのさい，任意に変形・接着できる不思議なガラス板を必要に応じて使ってよいとのことである．

§0.2　円　柱　面

人間が最初に作る舞台は円柱面である．大きい長方形のガラス板を2枚，ごく僅かな間隙をはさんで重ね，これを円柱状に曲げて向い合う辺を接着する．間隙に液体をそそぎ込み，マンジたちをからだの表の向きをそろえて入れる．円柱面の両端での間隙をゼロにすることにより，マンジの活動する領域は**境界を含まない**円柱面となる．

マンジは今度も舞台が平坦であることを確める．ところが，やがて一つの著しい相違を発見する．ある特別な方向を選ぶと，その方向には真すぐにどこまでも進めるのである．そして不思議なことに，一定の距離 a ごとに同じ点を通過する．いいかえれば，その方向には一定の周期で状況が繰り返されることになる．

マンジはこの有様を図 0.2 (a)のように描く．人間の目にうつる図(b)は2次元生物には何のことかわからない．

マンジは，この経験にもとづいて，平坦とは何かを改めて考える．まず直線

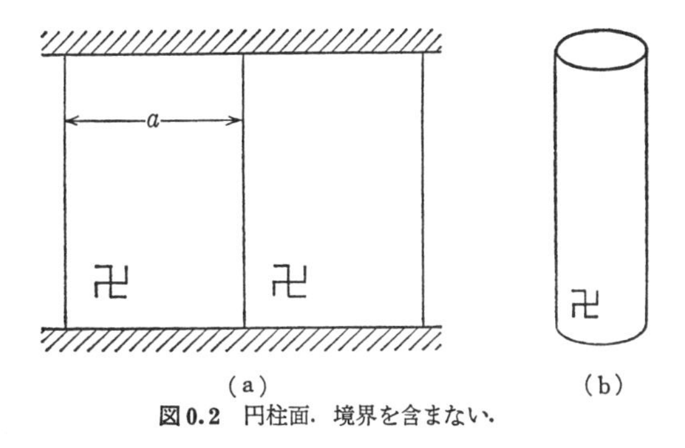

図 0.2 円柱面．境界を含まない．

を測地線と言い直す．**測地線**とは，適当に小さいどの部分を選んでもその部分の両端を結ぶ最も短い線になっているもの(局所的最短曲線)を言う．一本の測地線を延長してゆくとき，もとの位置に戻ることがあってもよい．一測地線上にない3点を最短曲線で結び，舞台上に“測地線3角形”を作る，その辺に沿って平行に一周するとき，体の角度が初めの角度とつねに一致すれば，この舞台は平坦である．なお，平坦な舞台では，測地線3角形の内角の和は2直角に等しい．

§0.3 球面とトーラス

平坦でない舞台のうち最も単純なものは球面であろう．大円の弧で作られる“球面3角形”の周囲に沿って矢印を平行に動かすとき，一周後の向きは初めの向きとは重ならない．また，球面3角形の内角の和は2直角より大きい．

洋菓子の一種にドーナツがある．その表面は特徴ある曲面を形づくっている．この形の曲面を**トーラス**(torus)または輪環面と総称する．

適当に長い円柱面を輪に曲げればトーラスができる．マンジの舞台としてのトーラスもこのようにして3次元空間の中に作ることができる．

トーラスも平坦ではない．実際，この面上で測地線の描く3角形の内角の和が2直角より大きい部分(ドーナツに最初に食いつくところ)もあり，また2直角より小さい部分(穴のまわり)もある．

現代数学のいろいろな分野で**多様体**(manifold)という語が使われる．これまで見てきたマンジの舞台は，境界のない滑らかな2次元多様体の例であった．その中で球面やトーラスの特徴は，それが**閉じている**(closed)ということである．いいかえれば，板を曲げたり接着したりしながら球面やトーラスを作ってゆくとき，開き放す方向が無いということである．球やトーラスは2次元の閉じた多様体の例として重要な役割を演じる．

§0.4 なぜ多様体を考えるか？

これまで見たいろいろな多様体は人間の目から見ると曲面にほかならない．それだけならば，多様体などという言葉を使わず曲面または面と言えばよいと思うかも知れない．

このことに関連して，平坦な閉じた多様体を考えよう．最も普通の例として，“平坦なトーラス”を問題にする．人間が3次元空間の中で作るトーラスは決して平坦にならないので，平坦なトーラスを認識する能力では，人間とマンジとの間に大きな差異はない．

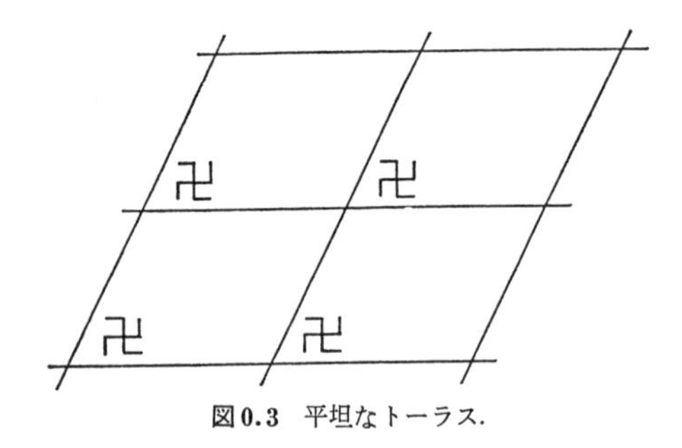

図 0.3 平坦なトーラス．

図0.3は神様が作る平坦な舞台である．縦横に限りなく並ぶ平行四辺形はすべて“同一”で，対応する位置にあるすべての卍印は同一の個体である．この舞台の面積は一つの平行四辺形の面積にほかならない．

横の線に平行に進むと，同一の点を繰り返し通過し，ななめ縦の線に平行に進むときも同様である．この意味で，普通のトーラスと同じ様相を呈する．数学用語でいえば，平坦なトーラスと普通のトーラスは**滑らかな多様体として同相**(diffeomorphic)である．平坦なトーラスを滑らかなまま変形して3次元空

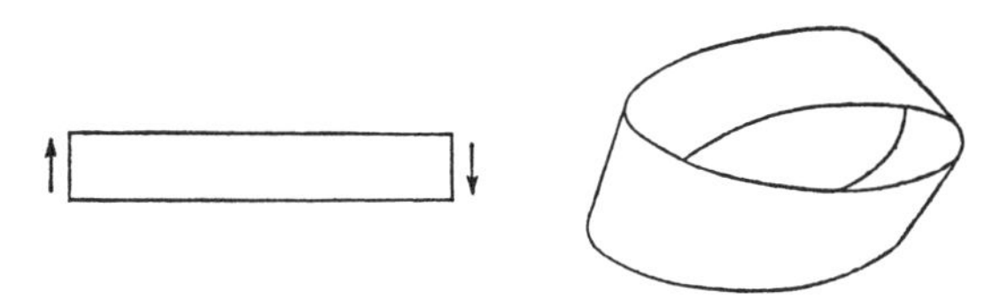

図 0.4 Möbius の帯の作り方.

間に**埋め込む**と普通のトーラスになるのである.

なお，球面と同相な多様体は平坦であり得ない.

§0.5 Möbius の帯

紙を細長く切り，一端を 180° ひねり，図 0.4 のように矢印の向きが一致するように継ぐと **Möbius**（メービウス）**の帯**ができる．マンジたちはこれと同相の舞台でどんな経験をするだろうか？

中ほどに体の表裏をそろえてマンジたちを入れる．おのおのが勝手に運動する結果，分布はだんだん広がってゆく．帯に沿って一方に運動する個体と他方に運動する個体とがやがて出合うとき，友の形が卍を裏返した“逆まんじ”になっていることに驚く．やがてどの場所でも約半数が一つの向き，他は逆向きに分布するようになるであろう．こうして彼らは次のことを学ぶ.

2 次元多様体には，これまで見たように**向きがつけられる** (orientable) ものと，こんどのように**向きがつけられない** (non-orientable) ものがある.

一枚の紙は，折り紙のように，表と裏を色分けすることができる．円柱面でも外側と内側を異なる色で区別することができる．しかし Möbius の帯では表面と裏面の区別はできない．一点から出発して一つの色を塗ってゆくと，全面がその色で塗られてしまうからである.

人間が紙で Möbius の帯を作るには，かなり細長い長方形からでないとうまくゆかない．しかし多様体としては，任意の幅でしかも平坦な Möbius の帯が存在する.

図 0.5 はこの平坦な舞台を利口なマンジが描いたもので，周囲すなわち境界

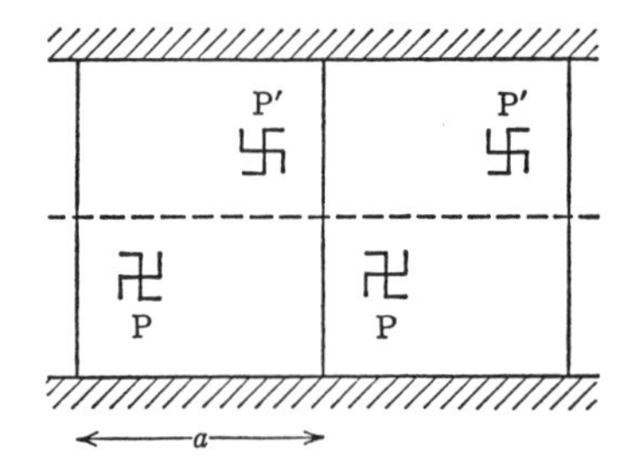

図 0.5　Möbius の帯に同相な平坦な 2 次元多様体．境界を含まない．

を含まないものをここでも考えている．図 0.2(a)からの違いに注目されたい．真中を走る一本の点線はいわば "映進線" で，その意味はつぎの通りである．任意の点 P に位置する卍から出発し，この線に平行に周期 a の半分だけ進め，この線に関して "鏡映をとる" と P′ に到達する．そのさい鏡にうつる像のように，マンジが逆マンジになる．P 点と P′ 点とは舞台上同じ点であるが，一方から他方へ移るさいマンジが裏返しになるのである．さらに $a/2$ だけ進めて鏡映をとると，もとの位置 P でもとの卍に戻る．

§0.6　Klein のつぼ

平坦な閉じた 2 次元多様体で向きがつけられない例もある．図 0.6 は同一の舞台が繰り返して描いてあり，舞台には 1 匹のマンジとその位置で裏返された他の 1 匹の合計 2 匹が居る．

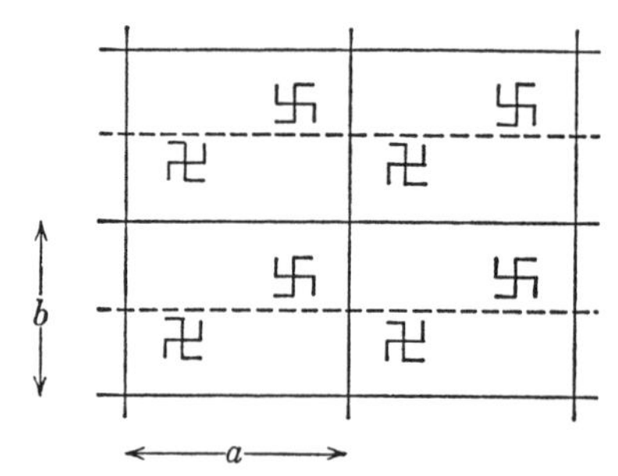

図 0.6　Klein のつぼに同相な平坦で閉じた 2 次元多様体．

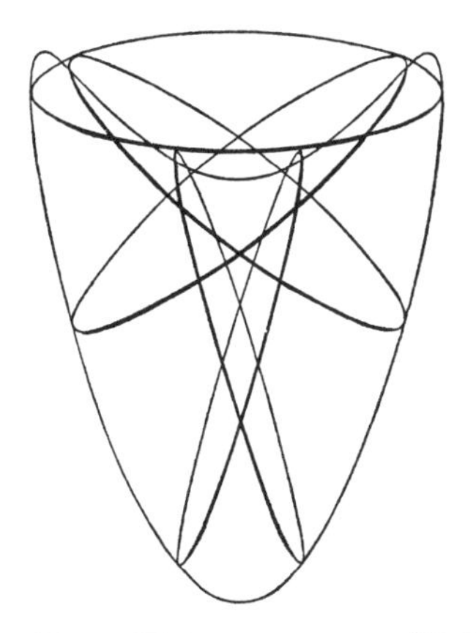

図 **0.7**　Klein のつぼの一つの描き方
(§2.6の末尾に関連する記述がある).

これと同相な多様体を **Klein**(クライン)**のつぼ**と総称する．強いて3次元空間に投影して描くと，つぼのような形になることに由来する．その一例を図0.7に掲げよう．マンジにドーナツ菓子の絵を見せるようなものだから，この図がピンとこないのも当然であろう．

§0.7　完備で平坦な2次元多様体の分類

平坦で閉じた2次元多様体は，同相なものを区別しなければ，トーラスとKlein のつぼの2種類に限られることがわかっている．

では，多様体が閉じていない場合はどうだろうか？　もちろん境界を含まないものだけを考える．これまで見てきたものに平面，円柱面，Möbius の帯がある．このほかいくらでも存在する．たとえば，頂点を含まない円錐面，平面から一点を取り去った“穴のあいた平面”なども，平坦な2次元多様体には違いない．そこで，適当な条件をつけて，結論をすっきりさせることができるかどうかが問題となる．

この問題を解決するための適当な条件は幸い存在する．それは**完備**(complete)すなわち，“どの測地線も一本の測地線のまま延長できる”という条件でよい．このさい測地線は同じ点を繰り返し通過しても差しつかえない．とにかく線が途中で切れてしまうことがなければよいのである．穴のあいた平面や，頂点を含まない円錐面は完備ではない．

§1 で扱った平坦な舞台は，周囲を無限の遠方におしやれば完備となる．もともと周囲を含めていないのは，この操作を可能にするためでもあった．この完備平坦な舞台は Euclid 平面にほかならない．§2 で扱った円柱面についても，両方に無限に延びる円柱面でおきかえれば完備となる．Möbius の帯についても同様である．トーラスや Klein のつぼはもともと完備である．

そして，つぎのことがわかっている：

“完備で平坦な 2 次元多様体は，同相のものを区別しなければ，Euclid 平面，円柱面，Möbius の帯，トーラス，Klein のつぼの 5 種類に限られる”．

これらを分類すると次のようになる：

	閉じた多様体	閉じていない多様体
向きがつけられる多様体	トーラス	Euclid 平面，円柱面
向きがつけられない多様体	Klein のつぼ	Möbius の帯

第1章　曲線と曲面

§1.1　ベクトルとベクトル積

この章では，われわれが素朴に考える空間，すなわち3次元Euclid空間，にある滑らかな曲線や曲面を取り扱う．そのための準備として，この空間におけるベクトル(vector)につき高校教科書に接続して学んでおこう．

容器の中の水を底から温めるさいなどに見られる，流れが熱を一緒に運ぶ現象をconvection(対流)という．これからもわかるように，vectorの語源は“運び動かす量”にほかならない．質点の速度や運動量がよい例である．

直交座標系を定めておけば，速度$\boldsymbol{v}$は3成分(v_x, v_y, v_z)で表現される．座標軸を原点のまわりに回転すると3成分は一次変換を受ける．たとえば，z軸のまわりにαだけ回転するとv_x, v_yはそれぞれ

$$v_x \cos\alpha + v_y \sin\alpha, \quad -v_x \sin\alpha + v_y \cos\alpha$$

でおきかえられる．z軸以外の方向に回転軸を選べば，v_zをも含めて一次変換を受けることになる．

空間に原点Oを定めておけば，空間の一点Pの位置はこの原点から引いた一つのベクトル$\boldsymbol{r} \equiv \overrightarrow{OP}$で表わされる．これがベクトルの名にふさわしいことは，Oのまわりに座標軸を回転すると速度ベクトルと同様な一次変換を$\boldsymbol{r}$が受けることからわかる．このベクトル$\boldsymbol{r}$を**位置ベクトル**(position vector)という．記号$\boldsymbol{r}$は，天体力学などで古くから使われている同義語radius vector(動径ベクトル)に由来する．

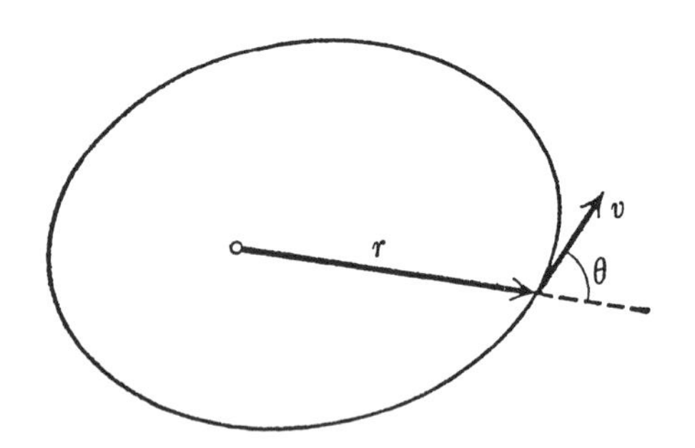

図 1.1 惑星の運動.

惑星の運動に関する有名な Kepler の法則によれば，惑星は太陽を一つの焦点とする楕円上を運動し，惑星の太陽に関する面積速度は一定である(図 1.1). 一般に，中心力を受けて運動している物体の，中心に関する面積速度は一定に保たれる．中心に関する物体の位置ベクトルを $\boldsymbol{r}$, 物体の速度を $\boldsymbol{v}$ とし，$\boldsymbol{r}$ と $\boldsymbol{v}$ とのなす角を θ とすれば面積速度の大きさは

$$\frac{1}{2}|\boldsymbol{r}|\,|\boldsymbol{v}|\sin\theta$$

である.

速度 $\boldsymbol{v}$ の代りに運動量 $\boldsymbol{p}$ を用い，因子 1/2 を取り去った量を**角運動量**という. 中心力を受けて運動している物体の，中心に関する角運動量は一定に保たれる.

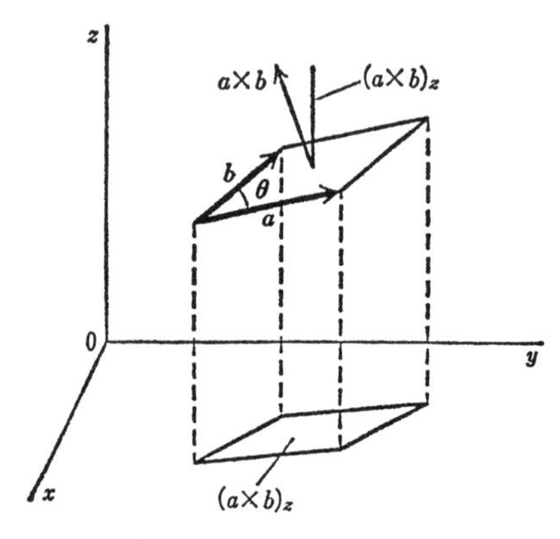

図 1.2 ベクトル積 $\boldsymbol{a}\times\boldsymbol{b}$.

角運動量はベクトルであって，その大きさは，$\boldsymbol{r}$ と $\boldsymbol{p}$ とのなす角を θ として，$|\boldsymbol{r}|\,|\boldsymbol{p}|\sin\theta$ であり，その方向は $\boldsymbol{r}$ と $\boldsymbol{p}$ の両方に垂直，向きは $\boldsymbol{r}$ から $\boldsymbol{p}$ へと右ネジを回すときネジの進む向きとして定義する．このベクトルを $\boldsymbol{r}\times\boldsymbol{p}$ と書き，この種の積を**ベクトル積**(または外積)と呼ぶ．

一般に空間の二つのベクトル $\boldsymbol{a}$ と $\boldsymbol{b}$ とのベクトル積 $\boldsymbol{a}\times\boldsymbol{b}$ について，必要な準備をしておこう．その大きさは $\boldsymbol{a}$ と $\boldsymbol{b}$ との作る平行四辺形の面積(図 1.2)

$$|\boldsymbol{a}\times\boldsymbol{b}| = |\boldsymbol{a}|\,|\boldsymbol{b}|\sin\theta,$$

その方向は $\boldsymbol{a}$ と $\boldsymbol{b}$ の両方に垂直，向きは $\boldsymbol{a}$ から $\boldsymbol{b}$ へと右ネジを回すときネジの進む向きとして定義される．明らかに

$$\boldsymbol{a}\times\boldsymbol{b} = -\boldsymbol{b}\times\boldsymbol{a}$$

である．ベクトル $\boldsymbol{a}\times\boldsymbol{b}$ の z 成分は，この平行四辺形を xy 面に射影して得られる図形の面積に正または負の符号をつけたものであり，x 成分，y 成分も同様である．このことから分配法則

$$\boldsymbol{a}\times(\boldsymbol{b}+\boldsymbol{c}) = \boldsymbol{a}\times\boldsymbol{b}+\boldsymbol{a}\times\boldsymbol{c},$$
$$(\boldsymbol{a}+\boldsymbol{b})\times\boldsymbol{c} = \boldsymbol{a}\times\boldsymbol{c}+\boldsymbol{b}\times\boldsymbol{c}$$

が成り立つことが判る．

x, y, z 軸に沿って単位ベクトル $\boldsymbol{e}_1, \boldsymbol{e}_2, \boldsymbol{e}_3$ を導入し，

$$\boldsymbol{a} = a_x\boldsymbol{e}_1+a_y\boldsymbol{e}_2+a_z\boldsymbol{e}_3$$

とおく．これらの単位ベクトルについては

$$\boldsymbol{e}_1\times\boldsymbol{e}_2 = -\boldsymbol{e}_2\times\boldsymbol{e}_1 = \boldsymbol{e}_3,$$

などの関係があるから，

$$\begin{aligned}\boldsymbol{a}\times\boldsymbol{b} &= (a_x\boldsymbol{e}_1+a_y\boldsymbol{e}_2+a_z\boldsymbol{e}_3)\times(b_x\boldsymbol{e}_1+b_y\boldsymbol{e}_2+b_z\boldsymbol{e}_3)\\ &= (a_yb_z-a_zb_y)\boldsymbol{e}_1+(a_zb_x-a_xb_z)\boldsymbol{e}_2+(a_xb_y-a_yb_x)\boldsymbol{e}_3.\end{aligned}$$

すなわち，ベクトル積 $\boldsymbol{a}\times\boldsymbol{b}$ の x 成分は $a_yb_z-a_zb_y$ に等しく，y, z 成分も同様にあらわされる．

この結果を用いて角運動量 $\boldsymbol{r}\times\boldsymbol{p}$ を x, y, z 成分で書けば

$$yp_z-zp_y,\qquad zp_x-xp_z,\qquad xp_y-yp_x$$

となる．ここに x, y, z は位置ベクトル $\boldsymbol{r}$ の成分である．

§1.2 滑らかな曲線

一質点が空間で運動する有様は，位置ベクトル $\boldsymbol{r}$ を時間 t の関数として与えることで表わされる：

$$\boldsymbol{r} = \boldsymbol{r}(t).$$

$d\boldsymbol{r}/dt$ で定まるベクトルが速度ベクトルにほかならない．この質点の描く曲線の幾何学的性質を調べる目的には，時間 t はあまり適切な変数ではない．山腹を縫う鉄道は滑らな曲線を形づくっていても，そこを走る列車は停留所に止まったりして複雑な運動をするであろう．

時間 t に代る適切な独立変数として，始点から曲線に沿って測られる長さ s を選ぶことができる：

$$\boldsymbol{r} = \boldsymbol{r}(s). \tag{1.1}$$

われわれは**滑らかな曲線**に興味をもつ．ここに，曲線が滑らかとは，このベクトル関数 $\boldsymbol{r}(s)$ が必要に応じいく回でも微分できて，高次導関数が連続であることをいう．

一般に，大きさ1のベクトルを**単位ベクトル**という．$d\boldsymbol{r}/ds$ は単位ベクトルであり，その方向がこの曲線の接線の方向に一致するので，**接線ベクトル**

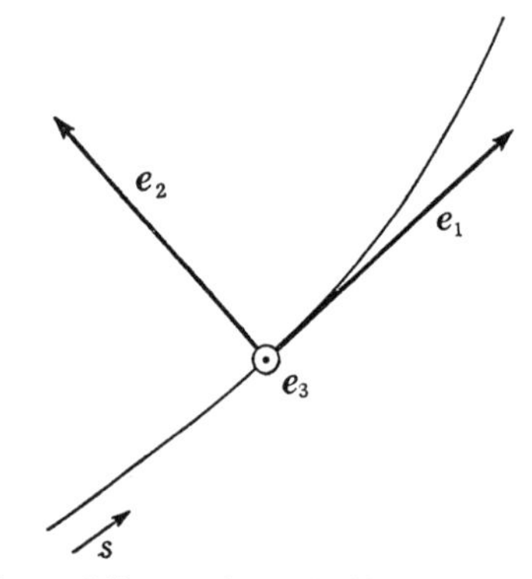

図1.3 曲線上の一点における接線ベクトル $\boldsymbol{e}_1$，主法線ベクトル $\boldsymbol{e}_2$，従法線ベクトル $\boldsymbol{e}_3$.

(tangent vector)と呼ぶ．接線ベクトルを$\boldsymbol{e}_1$とおく(図1.3)：

$$\dot{\boldsymbol{r}} \equiv \frac{d\boldsymbol{r}}{ds} = \boldsymbol{e}_1, \qquad \boldsymbol{e}_1 \cdot \boldsymbol{e}_1 = 1. \tag{1.2}$$

この§を通じ，記号の上部のドット(・)はsに関する微分を意味する．また，単位ベクトルに$\boldsymbol{e}$を使うのは，ドイツ語Einheitsvektorに由来する．

$\boldsymbol{e}_1$もまたsの関数であるから微分して

$$\dot{\boldsymbol{e}}_1 = \kappa \boldsymbol{e}_2, \qquad \boldsymbol{e}_2 \cdot \boldsymbol{e}_2 = 1, \qquad \kappa \geqq 0 \tag{1.3}$$

とおくことができる．単位ベクトル$\boldsymbol{e}_2$が$\boldsymbol{e}_1$に垂直($\boldsymbol{e}_1 \cdot \boldsymbol{e}_2=0$)であることは，$\boldsymbol{e}_1 \cdot \boldsymbol{e}_1=1$を微分して$\boldsymbol{e}_1 \cdot \boldsymbol{e}_2=0$が得られることからわかる．$\boldsymbol{e}_2$を**主法線ベクトル**(principal normal vector)といい，κを**曲率**(curvature, ドイツ語Krümmung)という．

$\boldsymbol{e}_1$と$\boldsymbol{e}_2$とのベクトル積を$\boldsymbol{e}_3$とおく：

$$\boldsymbol{e}_3 = \boldsymbol{e}_1 \times \boldsymbol{e}_2. \tag{1.4}$$

$\boldsymbol{e}_1, \boldsymbol{e}_2$がともに単位ベクトルで，その上たがいに垂直であることから，$\boldsymbol{e}_3$もまた単位ベクトルである．この$\boldsymbol{e}_3$を**従法線ベクトル**(binormal vector)という．

これら三つの単位ベクトルの間に有名な**Frenet(フルネ)の公式**が成り立つ：

$$\left.\begin{aligned} \dot{\boldsymbol{e}}_1 &= \qquad\quad \kappa \boldsymbol{e}_2 \\ \dot{\boldsymbol{e}}_2 &= -\kappa \boldsymbol{e}_1 \qquad\quad + \tau \boldsymbol{e}_3 \\ \dot{\boldsymbol{e}}_3 &= \qquad\quad -\tau \boldsymbol{e}_2 \end{aligned}\right\} \tag{1.5}$$

係数κを曲率と呼ぶことは既に述べたが，他の係数τは**捩率**(れいりつ)(torsion)と呼ばれる．τは負の値をとることもある．

証明　第1式は既に知っている．第2式と第3式を導くには，

$$\dot{\boldsymbol{e}}_i = \sum_{k=1}^{3} A_{ik} \boldsymbol{e}_k, \qquad i = 1, 2, 3$$

とおいて行列Aが反対称なることを示せばよい．$\dot{\boldsymbol{e}}_1 \cdot \boldsymbol{e}_1=0$より，$A_{11}=0$, 同様$A_{22}=A_{33}=0$．また$\boldsymbol{e}_1 \cdot \boldsymbol{e}_2=0$を微分して得られる$\dot{\boldsymbol{e}}_1 \cdot \boldsymbol{e}_2+\boldsymbol{e}_1 \cdot \dot{\boldsymbol{e}}_2=0$より$A_{12}+A_{21}=0$, 同様$A_{23}+A_{32}=0$, $A_{13}+A_{31}=0$. ▮

例 a と b を定数($a>0$)として，$\boldsymbol{r}$ の (x,y,z) 成分が

$$\boldsymbol{r}=(a\cos\theta, a\sin\theta, b\,\theta)$$

で与えられる**らせん**(helix)の曲率 κ と捩率 τ を求める.

$$\frac{d\boldsymbol{r}}{d\theta}=(-a\sin\theta, a\cos\theta, b),$$

$$\left|\frac{d\boldsymbol{r}}{d\theta}\right|=\sqrt{a^2+b^2}$$

であるから，$|d\boldsymbol{r}/ds|=1$ にするには

$$s=\sqrt{a^2+b^2}\,\theta\equiv c\theta$$

にとればよい.

$$\boldsymbol{r}(s)=\left(a\cos\frac{s}{c}, a\sin\frac{s}{c}, \frac{b}{c}s\right)$$

から

$$\boldsymbol{e}_1=\dot{\boldsymbol{r}}=\left(-\frac{a}{c}\sin\frac{s}{c}, \frac{a}{c}\cos\frac{s}{c}, \frac{b}{c}\right),$$

$$\dot{\boldsymbol{e}}_1=\left(-\frac{a}{c^2}\cos\frac{s}{c}, -\frac{a}{c^2}\sin\frac{s}{c}, 0\right).$$

曲率は

$$\kappa=\sqrt{\dot{\boldsymbol{e}}_1\cdot\dot{\boldsymbol{e}}_1}=\frac{a}{c^2},$$

そして

$$\boldsymbol{e}_2=\left(-\cos\frac{s}{c}, -\sin\frac{s}{c}, 0\right),$$

$$\boldsymbol{e}_3=\boldsymbol{e}_1\times\boldsymbol{e}_2=\left(\frac{b}{c}\sin\frac{s}{c}, -\frac{b}{c}\cos\frac{s}{c}, \frac{a}{c}\right),$$

$$\dot{\boldsymbol{e}}_3=\left(\frac{b}{c^2}\cos\frac{s}{c}, \frac{b}{c^2}\sin\frac{s}{c}, 0\right)=-\tau\boldsymbol{e}_2$$

より

$$\tau=\frac{b}{c^2}.$$

結局，曲率と捩率は定数で，

$$\kappa=\frac{a}{a^2+b^2}\,,\quad \tau=\frac{b}{a^2+b^2}\,.$$

曲率が0でない平面曲線では $\boldsymbol{e}_1$ と $\boldsymbol{e}_2$ とはその平面内にあり，$\boldsymbol{e}_3$ はこの平面に垂直であるから $\dot{\boldsymbol{e}}_3=0$, すなわち捩率 τ は0になる．このとき特に曲率 κ が一定値をとる場合を考えてみよう．こころみに $\boldsymbol{r}(s)+\kappa^{-1}\boldsymbol{e}_2(s)$ を s で微分すると

$$\dot{\boldsymbol{r}}+\kappa^{-1}\dot{\boldsymbol{e}}_2=\boldsymbol{e}_1-\boldsymbol{e}_1=0$$

となるから，$\boldsymbol{r}(s)+\kappa^{-1}\boldsymbol{e}_2(s)$ は定点となる．曲線上の点 $\boldsymbol{r}(s)$ からこの定点へ引いたベクトルが $\kappa^{-1}\boldsymbol{e}_2(s)$ でその長さが $1/\kappa$ に等しい．こうして κ 一定の平面曲線は半径 $1/\kappa$ の円であることがわかる．一般に，平面曲線の(さらに空間曲線でも)曲率 κ の逆数 $1/\kappa$ を曲線上のその点での**曲率半径**(radius of curvature)といい，$\boldsymbol{r}+\kappa^{-1}\boldsymbol{e}_2$ に位置する点をその点での**曲率中心**(center of curvature)という．曲率が0でない平面曲線の捩率は0であるが，逆もまた次の定理のように成り立つ．

定理　曲率が0でない曲線 $\boldsymbol{r}(s)$ の捩率がいたるところ0であれば，$\boldsymbol{r}(s)$ は一平面上にある．

証明　捩率がいたるところ0であれば，従法線ベクトル $\boldsymbol{e}_3$ は定ベクトルである．$\boldsymbol{e}_3\cdot\boldsymbol{r}(s)$ を s で微分すれば $\boldsymbol{e}_3\cdot\boldsymbol{e}_1=0$ となるから，$\boldsymbol{e}_3\cdot\boldsymbol{r}(s)$ は定数 c に等しい．すなわち $\boldsymbol{r}(s)$ は平面 $\boldsymbol{e}_3\cdot\boldsymbol{r}=c$ の上にある．

問題　曲線 $\boldsymbol{r}(s)$ を $s=0$ で Taylor 展開するとき3次までを与える **Bouquet**(ブーケ)の公式

$$\boldsymbol{r}(s)=\boldsymbol{r}(0)+\boldsymbol{e}_1(0)s+\kappa(0)\boldsymbol{e}_2(0)\frac{s^2}{2}+[-\kappa(0)^2\boldsymbol{e}_1(0)+\dot{\kappa}(0)\boldsymbol{e}_2(0)+\kappa(0)\tau(0)\boldsymbol{e}_3(0)]\frac{s^3}{3!}+\cdots$$

を証明せよ．

解　Taylor 展開

$$\boldsymbol{r}(s)=\boldsymbol{r}(0)+\dot{\boldsymbol{r}}(0)s+\ddot{\boldsymbol{r}}(0)\frac{s^2}{2!}+\dddot{\boldsymbol{r}}(0)\frac{s^3}{3!}+\cdots$$

につぎのように代入する：

$$\dot{\boldsymbol{r}}=\boldsymbol{e}_1,\quad \ddot{\boldsymbol{r}}=\dot{\boldsymbol{e}}_1=\kappa\boldsymbol{e}_2,$$

$$\ddot{\boldsymbol{r}} = \dot{\kappa}\boldsymbol{e}_2 + \kappa(-\kappa\boldsymbol{e}_1 + \tau\boldsymbol{e}_3).$$

§1.3 偏 微 分

曲面を取り扱うための準備として，2変数の関数の微分法についてまとめておこう．

2個の変数 x, y の連続関数 $f(x, y)$ について，まず y を一定とし，x のみ変る場合を考える．そうすれば $f(x, y)$ は x のみの関数と同様であるから，x について微分することができるであろう．いま $x=a$, $y=b$ なる値において，$f(x, y)$ が x に関する微分係数を有するとき，これを x に関する**偏微分係数**といい，$f_x(a, b)$ なる記号で表わす．すなわち

$$f_x(a, b) = \lim_{h\to 0}\frac{f(a+h, b)-f(a, b)}{h}$$

である．y に関する偏微分係数も同様に考えられる．すなわち

$$f_y(a, b) = \lim_{k\to 0}\frac{f(a, b+k)-f(a, b)}{k}.$$

上の式で a と b との代りに変数 x と y とを入れれば，これらは x と y との関数である．これを**偏導関数**といい，

$$f_x(x, y), \quad f_y(x, y) \quad \text{または} \quad \frac{\partial f}{\partial x}, \ \frac{\partial f}{\partial y}$$

等の記号で表わす．

x の増分 Δx, y の増分 Δy に対応する $f(x, y)$ の増分を Δf とおく，すなわち

$$\Delta f = f(x+\Delta x, y+\Delta y)-f(x, y).$$

これらの増分が十分微小であれば，さらに高次の微小量を無視した近似において

$$\Delta f = \frac{\partial f}{\partial x}\Delta x + \frac{\partial f}{\partial y}\Delta y$$

となる．増分が限りなく小さい極限では，Δx 等を微分 dx 等に書き改め

$$df = \frac{\partial f}{\partial x}dx + \frac{\partial f}{\partial y}dy$$

が成り立つ．この df を f の**全微分**という．

偏導関数をさらに偏微分した**第2次偏導関数**については，つぎのような記号が用いられる．

$$\frac{\partial}{\partial x}\left(\frac{\partial f}{\partial x}\right) = \frac{\partial^2 f}{\partial x^2} = f_{xx}(x, y),$$

$$\frac{\partial}{\partial y}\left(\frac{\partial f}{\partial x}\right) = \frac{\partial^2 f}{\partial y \partial x} = f_{xy}(x, y),$$

$$\frac{\partial}{\partial x}\left(\frac{\partial f}{\partial y}\right) = \frac{\partial^2 f}{\partial x \partial y} = f_{yx}(x, y).$$

さて，$f_{xy}(x, y)$ と $f_{yx}(x, y)$ との間にはつぎの定理がある．すなわち，もし $f_{xy}(x, y)$ および $f_{yx}(x, y)$ が共に連続であれば

$$f_{xy}(x, y) = f_{yx}(x, y)$$

あるいは

$$\frac{\partial^2 f}{\partial y \partial x} = \frac{\partial^2 f}{\partial x \partial y}.$$

§1.4　曲面の第1基本形式

半径 a の球面は，中心を座標原点にとるとき，位置ベクトル $\boldsymbol{r}=(x, y, z)$ が

$$x^2+y^2+z^2 = a^2$$

を満す曲面である．よく知られているように，球面極座標 (θ, φ) を用いて

$$x = a \sin\theta \cos\varphi$$

$$y = a \sin\theta \sin\varphi$$

$$z = a \cos\theta \qquad (0 \leqq \theta \leqq \pi, 0 \leqq \varphi < 2\pi)$$

とおけば，$x^2+y^2+z^2=a^2$ が自然に満される．

一般に曲面は2個のパラメータを用いて

$$x = x(u^1, u^2),\ \ y = y(u^1, u^2),\ \ z = z(u^1, u^2),$$

まとめて

$$\boldsymbol{r} = \boldsymbol{r}(u^1, u^2) \tag{1.6}$$

の形に表わすことができる．ここに u^1, u^2 の“上つき指標”をベキ指数と混同

しないように注意されたい．u^1 は“u 上つき 1”と読んでおけばよい．曲面が滑らかであるために，これらの関数が必要に応じ何回でも微分できて，高次偏導関数が連続であることを仮定する．

位置ベクトル $\boldsymbol{r}$ の全微分は

$$d\boldsymbol{r}=\frac{\partial \boldsymbol{r}}{\partial u^1}du^1+\frac{\partial \boldsymbol{r}}{\partial u^2}du^2 \tag{1.7}$$

で与えられる．$\boldsymbol{r}=\boldsymbol{r}(u^1, u^2)$ が一点 (u^1, u^2) において真に2次元的な曲面を表わすためには，$\partial\boldsymbol{r}/\partial u^1$ と $\partial\boldsymbol{r}/\partial u^2$ とがその点で一次独立でなければならない．例えば，上記の球面極座標において $\sin\theta=0$ の点では

$$\frac{\partial x}{\partial \varphi}=\frac{\partial y}{\partial \varphi}=\frac{\partial z}{\partial \varphi}=0 \quad \text{すなわち} \quad \frac{\partial \boldsymbol{r}}{\partial \varphi}=0$$

であるから，この条件は満されない．このような点は，考察から一応外しておく．

$d\boldsymbol{r}$ は点 (u^1, u^2) からこれに近い点 (u^1+du^1, u^2+du^2) へ引いたベクトルである．その長さを ds とおけば，その2乗が

$$ds^2=d\boldsymbol{r}\cdot d\boldsymbol{r}=g_{11}du^1du^1+2g_{12}du^1du^2+g_{22}du^2du^2$$

の形に書ける．ここに

$$g_{11}=\frac{\partial \boldsymbol{r}}{\partial u^1}\cdot\frac{\partial \boldsymbol{r}}{\partial u^1},\quad g_{12}=\frac{\partial \boldsymbol{r}}{\partial u^1}\cdot\frac{\partial \boldsymbol{r}}{\partial u^2},\quad g_{22}=\frac{\partial \boldsymbol{r}}{\partial u^2}\cdot\frac{\partial \boldsymbol{r}}{\partial u^2}.$$

$g_{11}>0$，$g_{22}>0$ は明らかであり，$g_{11}g_{22}-g_{12}{}^2>0$ であることは，$g_{11}, 2g_{12}, g_{22}$ を係数とする2次方程式が実根をもたないことからわかる．

これらの関係式は，簡単につぎの形にまとめられる：

$$ds^2=d\boldsymbol{r}\cdot d\boldsymbol{r}=\sum g_{ik}du^idu^k, \tag{1.8}$$

$$g_{ik}=\frac{\partial \boldsymbol{r}}{\partial u^i}\cdot\frac{\partial \boldsymbol{r}}{\partial u^k}=g_{ki}. \tag{1.9}$$

ここに $\sum$ は，一つの項の上つき指標と下つき指標とに共通に含まれているものについて，1,2にわたって和をとることを意味する．一般にこのように約束されているから，記号 $\sum$ はこれを省略しても混乱は起らない．しかし本章に限って，2次元を強調する意味を含めて，$\sum$ を残しておこう．(1.8) を曲面の第

1基本形式という．

曲面上で一方のパラメータだけを変えてゆくとき描かれる曲線を**パラメータ曲線**という．u^1 を増してゆくとき，その向きの接線ベクトルは

$$\frac{\partial \boldsymbol{r}}{\partial u^1}du^1 \Big/ \left|\frac{\partial \boldsymbol{r}}{\partial u^1}du^1\right| = \frac{1}{\sqrt{g_{11}}}\frac{\partial \boldsymbol{r}}{\partial u^1}$$

であり，u^2 についても同様であるから，2本のパラメータ曲線のなす角 ω について

$$\cos\omega = \frac{g_{12}}{\sqrt{g_{11}g_{22}}} \tag{1.10}$$

が成り立つ．パラメータ曲線がたがいに直交する条件は

$$g_{12} = 0 \tag{1.11}$$

である．

(1.10)から，次の式を得る：

$$\sin\omega = \frac{\sqrt{g_{11}g_{22}-{g_{12}}^2}}{\sqrt{g_{11}g_{22}}}. \tag{1.12}$$

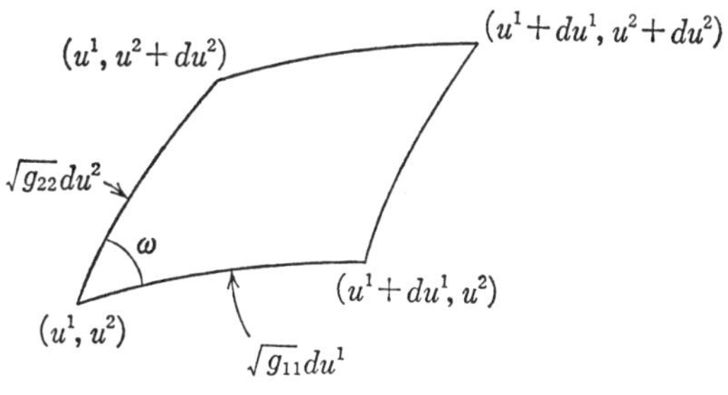

図 1.4 曲面の微小部分．

図1.4のように曲面上(u^1, u^2), (u^1+du^1, u^2), (u^1, u^2+du^2), (u^1+du^1, u^2+du^2) で囲まれた素片の面積は

$$\sqrt{g_{11}}\,du^1\cdot\sqrt{g_{22}}\,du^2\sin\omega,$$

すなわち

$$\sqrt{g_{11}g_{22}-{g_{12}}^2}\,du^1du^2$$

に等しい．従って (u^1, u^2) の一領域 D に対応する曲面部分の面積は，D にわたる積分

$$\iint_D \sqrt{g_{11}g_{22}-g_{12}{}^2}\,du^1du^2 \tag{1.13}$$

で与えられる．

例1　半径 a の球面のパラメータ表示

$$\boldsymbol{r}(\theta, \varphi) = (a\sin\theta\cos\varphi,\ \ a\sin\theta\sin\varphi,\ \ a\cos\theta)$$

から

$$\frac{\partial\boldsymbol{r}}{\partial\theta} = (a\cos\theta\cos\varphi,\ \ a\cos\theta\sin\varphi,\ \ -a\sin\theta),$$

$$\frac{\partial\boldsymbol{r}}{\partial\varphi} = (-a\sin\theta\sin\varphi,\ \ a\sin\theta\cos\varphi,\ \ 0)$$

と計算される．第1基本形式は

$$\begin{aligned} ds^2 &= \frac{\partial\boldsymbol{r}}{\partial\theta}\cdot\frac{\partial\boldsymbol{r}}{\partial\theta}d\theta^2+2\frac{\partial\boldsymbol{r}}{\partial\theta}\cdot\frac{\partial\boldsymbol{r}}{\partial\varphi}d\theta d\varphi+\frac{\partial\boldsymbol{r}}{\partial\varphi}\cdot\frac{\partial\boldsymbol{r}}{\partial\varphi}d\varphi^2 \\ &= a^2d\theta^2+a^2\sin^2\theta d\varphi^2 \end{aligned}$$

と求まる．この球面の面積を公式から計算すると，

$$2\pi a^2\int_0^\pi \sin\theta d\theta = 4\pi a^2$$

となり，よく知られた値と一致する．

例2　図1.5のような標準トーラスは，$0<a<b$ として，

$$\boldsymbol{r}(\theta, \varphi) = ((a\cos\theta+b)\cos\varphi,\ \ (a\cos\theta+b)\sin\varphi,\ \ a\sin\theta)$$

で表わされる $(0\leqq\theta<2\pi, 0\leqq\varphi<2\pi)$．これから

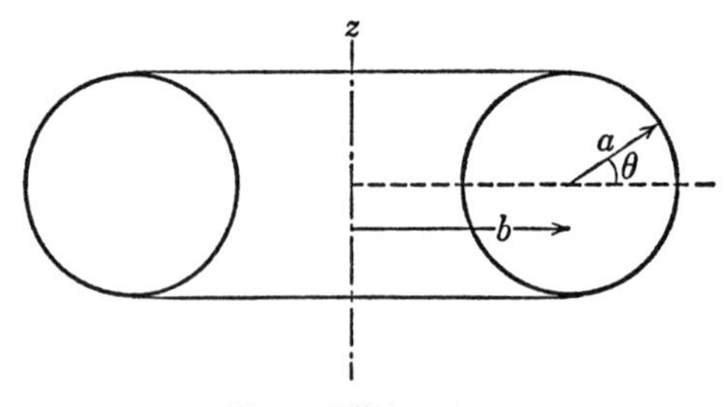

図1.5　標準トーラス．

$$\frac{\partial \boldsymbol{r}}{\partial \theta} = (-a \sin\theta \cos\varphi,\ \ -a\sin\theta\sin\varphi,\ \ a\cos\theta),$$

$$\frac{\partial \boldsymbol{r}}{\partial \varphi} = (-(a\cos\theta+b)\sin\varphi,\ \ (a\cos\theta+b)\cos\varphi,\ \ 0)$$

と計算され，第1基本形式は

$$ds^2 = a^2 d\theta^2 + (a\cos\theta+b)^2 d\varphi^2$$

と求まる．このトーラスの面積は

$$2\pi a\int_0^{2\pi}(a\cos\theta+b)d\theta = (2\pi)^2 ab$$

と計算される．

問題　曲面が $z=f(x,y)$ で与えられたとき，$p=\partial f/\partial x$, $q=\partial f/\partial y$ とおいて，第1基本形式は

$$ds^2 = (1+p^2)dx^2 + 2pq\,dxdy + (1+q^2)dy^2,$$

曲面の面積は

$$\iint \sqrt{1+p^2+q^2}\,dxdy$$

と表わされることを示せ．

解　x, y をパラメータ u^1, u^2 に対応させて

$$\boldsymbol{r}(u^1, u^2) = (u^1, u^2, f(u^1, u^2)).$$

$$\frac{\partial \boldsymbol{r}}{\partial u^1} = (1, 0, p),\quad \frac{\partial \boldsymbol{r}}{\partial u^2} = (0, 1, q)$$

より

$$g_{11} = 1+p^2,\ \ g_{12} = pq,\ \ g_{22} = 1+q^2,$$

$$\sqrt{g_{11}g_{22}-{g_{12}}^2} = \sqrt{1+p^2+q^2}.$$

§1.5　第2基本形式と曲率

曲面上の一点において，$\partial\boldsymbol{r}/\partial u^1$ と $\partial\boldsymbol{r}/\partial u^2$ とのベクトル積はその点で曲面に垂直である．この方向・向きを有する単位ベクトルを $\boldsymbol{e}$ とおけば，

$$\boldsymbol{e} = \left(\frac{\partial \boldsymbol{r}}{\partial u^1}\times\frac{\partial \boldsymbol{r}}{\partial u^2}\right)\Bigg/\left|\frac{\partial \boldsymbol{r}}{\partial u^1}\times\frac{\partial \boldsymbol{r}}{\partial u^2}\right|. \tag{1.14}$$

この $\boldsymbol{e}(u^1, u^2)$ を曲面の**法ベクトル** (normal vector) といい，その全微分は

$$d\boldsymbol{e} = \frac{\partial \boldsymbol{e}}{\partial u^1} du^1 + \frac{\partial \boldsymbol{e}}{\partial u^2} du^2 = \sum \frac{\partial \boldsymbol{e}}{\partial u^i} du^i$$

で与えられる．

さて，$d\boldsymbol{r} \cdot d\boldsymbol{r}$ を曲面の第1基本形式と名づけたのに続いて

$$-d\boldsymbol{r} \cdot d\boldsymbol{e} = -\left(\sum \frac{\partial \boldsymbol{r}}{\partial u^i} du^i\right) \cdot \left(\sum \frac{\partial \boldsymbol{e}}{\partial u^k} du^k\right)$$

を**第2基本形式**と呼ぶ．これを

$$-d\boldsymbol{r} \cdot d\boldsymbol{e} = \sum h_{ik} du^i du^k \tag{1.15}$$

の形に表わせば，

$$h_{ik} = -\frac{\partial \boldsymbol{r}}{\partial u^i} \cdot \frac{\partial \boldsymbol{e}}{\partial u^k} \tag{1.16}$$

で係数が計算される．

ここで $(\partial \boldsymbol{r}/\partial u^i) \cdot \boldsymbol{e} = 0$ を u^k で微分して得られる

$$\frac{\partial^2 \boldsymbol{r}}{\partial u^k \partial u^i} \cdot \boldsymbol{e} + \frac{\partial \boldsymbol{r}}{\partial u^i} \cdot \frac{\partial \boldsymbol{e}}{\partial u^k} = 0$$

から明らかなように，h_{ik} はまた

$$h_{ik} = \frac{\partial^2 \boldsymbol{r}}{\partial u^k \partial u^i} \cdot \boldsymbol{e} \tag{1.17}$$

から計算することもできる．これから

$$h_{ik} = h_{ki} \tag{1.18}$$

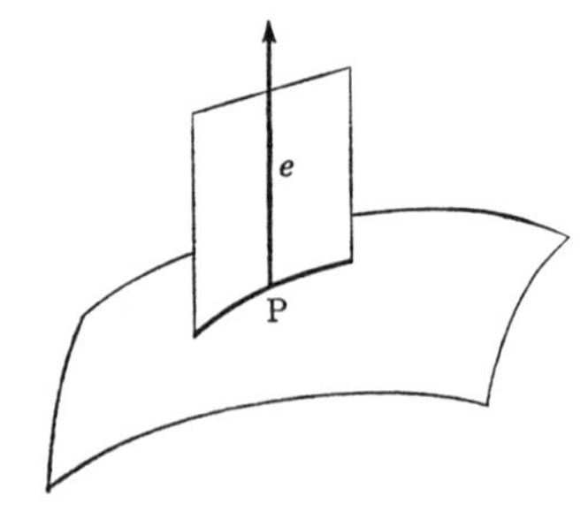

図 1.6 曲面上の点Pにおいて，法ベクトル $\boldsymbol{e}$ を含む平面の一つで曲面を切る．

が成り立つこともわかる．

さて曲面上の一点Pにおいて，そこの法ベクトル $\boldsymbol{e}$ を含む一平面で曲面を切ったと考える(図1.6)．その切り口は一本の平面曲線を形成するであろう．この曲線を§1.2のように $\boldsymbol{r}(s)$ で表わす．s は曲線に沿って測られた長さである．そして $|d^2\boldsymbol{r}/ds^2|$ がこの曲線の曲率を与える．

一方，Pにおけるこの曲線の主法線ベクトルは $\boldsymbol{e}$ または $-\boldsymbol{e}$ に一致する．このことはこの曲線のPにおける接線ベクトルが $\boldsymbol{e}$ に垂直であり，従法線ベクトルも $\boldsymbol{e}$ を含む平面に垂直，従って $\boldsymbol{e}$ に垂直であることからわかる．

主法線ベクトルが $\boldsymbol{e}$ に一致するときは曲線 $\boldsymbol{r}(s)$ の曲率を以前のように κ で表わし，$-\boldsymbol{e}$ に一致するときは曲線の曲率の符号を変えたものを κ で表わせば

$$\frac{d^2\boldsymbol{r}}{ds^2}\cdot\boldsymbol{e} = \kappa \tag{1.19}$$

である．この κ を**法曲率**(normal curvature)という．この式を変形するために，$(d\boldsymbol{r}/ds)\cdot\boldsymbol{e}=0$ を微分して得られる

$$\frac{d^2\boldsymbol{r}}{ds^2}\cdot\boldsymbol{e}+\frac{d\boldsymbol{r}}{ds}\cdot\frac{d\boldsymbol{e}}{ds} = 0$$

に着目すれば，

$$\kappa = \frac{-d\boldsymbol{r}\cdot d\boldsymbol{e}}{ds^2}. \tag{1.20}$$

右辺の分母は第1基本形式で，分子は第2基本形式にほかならない．(1.8)と(1.15)を代入して

$$\kappa = \frac{\sum h_{ik}du^i du^k}{\sum g_{ik}du^i du^k}. \tag{1.21}$$

右辺は比 $du^1:du^2$ の関数である．いいかえれば，$\boldsymbol{e}$ を含む平面で曲面を切るときのその平面の方向の関数である．これが0から π に半周する間に κ は極大値を一度，極小値を一度とると予想される．この二つの極値を求めよう．

法曲率 κ の表式は du^1, du^2 を $\lambda du^1, \lambda du^2$ でおきかえても変らない．さらに右辺は既に述べたように比 $du^1:du^2$ の関数であるが，κ が極値をとるところではこの比を僅か変えても変らない．結局，κ が極値をとるところでは，du^1 と du^2

とを独立に変えても κ の値は変らない．このことを考慮して次のようにする．(1.21)を

$$\sum(\kappa g_{ik}-h_{ik})du^i du^k=0$$

と書きかえ，κ を一定に保ったまま du^i で偏微分すれば

$$\sum(\kappa g_{ik}-h_{ik})du^k=0 \tag{1.22}$$

が得られる．具体的に書けば

$$(\kappa g_{11}-h_{11})du^1+(\kappa g_{12}-h_{12})du^2=0,$$
$$(\kappa g_{21}-h_{21})du^1+(\kappa g_{22}-h_{22})du^2=0$$

となる．

よく知られているように，この1次同次方程式が0と異なる解をもつためには係数の行列式が0となることが必要十分である：

$$\begin{vmatrix}\kappa g_{11}-h_{11} & \kappa g_{12}-h_{12}\\ \kappa g_{21}-h_{21} & \kappa g_{22}-h_{22}\end{vmatrix}=0.$$

すなわち

$$(g_{11}g_{22}-g_{12}{}^2)\kappa^2-(g_{11}h_{22}+g_{22}h_{11}-2g_{12}h_{12})\kappa$$
$$+h_{11}h_{22}-h_{12}{}^2=0.$$

κ に関するこの2次方程式の2根 κ_1, κ_2 が法曲率の極大・極小値にほかならない．2根の積を**Gaussの曲率**(Gaussian curvature)と呼び，通常 K で表わす

$$K\equiv\kappa_1\kappa_2=\frac{h_{11}h_{22}-h_{12}{}^2}{g_{11}g_{22}-g_{12}{}^2}. \tag{1.23}$$

そして2根の和の1/2を**平均曲率**(mean curvature)と呼び，H で表わすことが多い：

$$H\equiv\frac{1}{2}(\kappa_1+\kappa_2)=\frac{1}{2}\frac{g_{22}h_{11}+g_{11}h_{22}-2g_{12}h_{12}}{g_{11}g_{22}-g_{12}{}^2}. \tag{1.24}$$

κ_1 と κ_2 とを曲面のその点での**主曲率**(principal curvatures, ドイツ語 Hauptkrümmungen)といい，それらの逆数を**主曲率半径**と呼ぶ．

二つの主曲率がたまたま一致することもある．回転楕円面の軸上の点などはその例である．このように“主曲率が縮退する”点をのぞいて一般の場合 $\kappa_1 \neq$

κ_2 を考えれば，κ_1 に対応する方向 $(\delta u^1, \delta u^2)$ と κ_2 に対応する方向 $(\bar{\delta} u^1, \bar{\delta} u^2)$ とは直交することがつぎのようにして証明される．

(1.22) より

$$\sum h_{ik}\delta u^k = \kappa_1 \sum g_{ik}\delta u^k,$$
$$\sum h_{ik}\bar{\delta} u^k = \kappa_2 \sum g_{ik}\bar{\delta} u^k$$

である．第1式に $\bar{\delta} u^i$ を乗じて i について加え合せ，第2式に δu^i を乗じて i について加え合せ，これらを辺々差し引けば，

$$0 = (\kappa_1 - \kappa_2)\sum g_{ik}\bar{\delta} u^i \delta u^k$$

を得る．$\kappa_1 - \kappa_2 \neq 0$ ゆえ，これから

$$\sum g_{ik}\bar{\delta} u^i \delta u^k = 0 \tag{1.25}$$

が成り立つ．この関係式は

$$\bar{\delta}\boldsymbol{r} \equiv \sum \frac{\partial \boldsymbol{r}}{\partial u^i}\bar{\delta} u^i \quad と \quad \delta \boldsymbol{r} \equiv \sum \frac{\partial \boldsymbol{r}}{\partial u^k}\delta u^k$$

が直交する条件にほかならない．

このように，主曲率に対応し，たがいに直交する2方向を**主曲率方向**という．

例1　標準トーラスを前節例2に続いて取り扱う．曲面の法ベクトル

$$\boldsymbol{e} = \frac{\partial \boldsymbol{r}}{\partial \theta} \times \frac{\partial \boldsymbol{r}}{\partial \varphi} \Big/ \left| \frac{\partial \boldsymbol{r}}{\partial \theta} \times \frac{\partial \boldsymbol{r}}{\partial \varphi} \right|$$

を計算すると，

$$\boldsymbol{e} = (-\cos\theta\cos\varphi,\ -\cos\theta\sin\varphi,\ -\sin\theta).$$

これから

$$\frac{\partial \boldsymbol{e}}{\partial \theta} = (\sin\theta\cos\varphi,\ \sin\theta\sin\varphi,\ -\cos\theta),$$

$$\frac{\partial \boldsymbol{e}}{\partial \varphi} = (\cos\theta\sin\varphi,\ -\cos\theta\cos\varphi,\ 0)$$

が得られ，第2基本形式は

$$-d\boldsymbol{r}\cdot d\boldsymbol{e} = a\,d\theta^2 + \cos\theta(a\cos\theta + b)d\varphi^2$$

と求まる．Gauss 曲率 K と平均曲率 H を計算して

$$K=\frac{\cos\theta}{a(a\cos\theta+b)},\quad H=\frac{1}{2}\left(\frac{\cos\theta}{a\cos\theta+b}+\frac{1}{a}\right)$$

を得る．主曲率は

$$\kappa_1=\frac{1}{a},\qquad \kappa_2=\frac{\cos\theta}{a\cos\theta+b}.$$

一般に $K>0$ となる点を**楕円的点**(elliptic point)，$K<0$ となる点を**双極的点**(hyperbolic point)，そして $K=0$ となる点を**放物的点**(parabolic point) という．トーラスの回転対称軸から遠い部分 ($\cos\theta>0$) は楕円的点であり，近い部分 ($\cos\theta<0$) は双極的点である．

曲面の法ベクトル $\boldsymbol{e}$ を含む任意の方向の平面で曲面を切るとき，その切口の符号を考慮した曲率 κ は κ_1 と κ_2 との間にある．このことに関連して，つぎの **Euler(オイラー)の定理**が成り立つ．

定理　曲面の一点における法曲率 κ は主曲率 κ_1 と κ_2 との間にあり，

$$\kappa=\kappa_1\cos^2\theta+\kappa_2\sin^2\theta \tag{1.26}$$

で与えられる．ここに θ は曲面を垂直に切る平面が κ_1 に対応する主曲率方向となす角である．

証明　パラメータ曲線がその点で直交するように選ぶと $g_{12}=0$ であり，さらにパラメータ u^1, u^2 の単位を調節して $g_{11}=1, g_{22}=1$ にすることができる．このとき κ の表式(1.21)は

$$\kappa=\frac{\sum h_{ik}du^idu^k}{du^1du^1+du^2du^2}$$

の形をとる．つぎに分母を不変に保ったまま直交変換によって適当な方向を選ぶことによって h_{ik} を対角型にすることができるから，結局

$$\kappa=\frac{h_{11}du^1du^1+h_{22}du^2du^2}{du^1du^1+du^2du^2}$$

の形に単純化される．このときの h_{11}, h_{22} が主曲率にほかならない．

$$du^1/\sqrt{du^1du^1+du^2du^2}=\cos\theta$$

とおけば，Euler の定理を得る．❙

これまで曲面の法曲率 κ を取り扱ってきた．曲面を斜めに平面で切るとき，

その切口に現われる曲線の曲率を問題としよう．球面の場合は明らかである．その半径を a とすれば法曲率は $1/a$ である．球面の法線と角 θ をなす平面で切ると，切口は半径 $a\cos\theta$ の小円になり，その曲率を $\kappa'=(a\cos\theta)^{-1}$ とおけば，$\kappa'\cos\theta$ は法曲率 κ に等しい：

$$\kappa'\cos\theta=\kappa.$$

一般に，曲面 $\boldsymbol{r}(u^1,u^2)$ 上の曲線は，曲線に沿った長さを s として，$u^i=u^i(s)$ で表わされ，その接線ベクトル $\boldsymbol{e}_1$ は

$$\boldsymbol{e}_1=\sum\frac{\partial\boldsymbol{r}}{\partial u^i}\frac{du^i}{ds}$$

の形をとる．これをさらに s で微分し，Frenet の公式を使うと，

$$\kappa'\boldsymbol{e}_2=\sum\frac{\partial^2\boldsymbol{r}}{\partial u^k\partial u^i}\frac{du^i}{ds}\frac{du^k}{ds}+\sum\frac{\partial\boldsymbol{r}}{\partial u^i}\frac{d^2u^i}{ds^2}$$

を得る．ここに $\boldsymbol{e}_2$ は主法線ベクトル，κ' はこの曲線の曲率である．上の表式と，考えている点での曲面の法ベクトル $\boldsymbol{e}$ との内積は，$\boldsymbol{e}\cdot\partial\boldsymbol{r}/\partial u^i=0$ を考慮して，(1.17)により，

$$\kappa'\boldsymbol{e}_2\cdot\boldsymbol{e}=\sum h_{ik}\frac{du^i}{ds}\frac{du^k}{ds} \tag{1.27}$$

で与えられる．$\boldsymbol{e}_2$ と $\boldsymbol{e}$ とのなす角を θ とおけば

$$\kappa'\cos\theta=\frac{\sum h_{ik}du^idu^k}{\sum g_{ik}du^idu^k}$$

を得る．曲面上の一点において，曲面に接する一方向 $\boldsymbol{e}_1$ を含む平面で切ったときの切り口の曲線の曲率 κ' は，その方向の法曲率 κ と

$$\kappa'\cos\theta=\kappa \tag{1.28}$$

の関係にある．ここに θ は切る平面が法ベクトル $\boldsymbol{e}$ となす角である．(1.28)を **Meusnier (ムニエ)の公式**という．

このことをつぎのように言い表わすこともできる：曲面上の一点を通って同じ方向に進むすべての曲線の曲率中心は定まった円周上に位置する．

例2　前節例2および本節例1の標準トーラスでは，一つの主曲率が $\kappa_1=1/a$ であることは，回転対称軸を含む平面による切り口に着目して，明らかである．

他の主曲率 κ_2 については，Meusnier の公式を用いることによって，これを直観的に求めることができる．曲面上 θ が一定であるような曲線は，その接線の方向が κ_2 の主曲率方向に一致する．この曲線は半径 $a\cos\theta+b$ の円であり，その曲率は $\kappa'=(a\cos\theta+b)^{-1}$ である．この θ はまた円の主法線ベクトル $\boldsymbol{e}_2$ とトーラスの法ベクトル $\boldsymbol{e}$ との間の角に等しい．従って Meusnier の公式

$$\kappa'\cos\theta=\kappa_2$$

から

$$\kappa_2=\frac{\cos\theta}{a\cos\theta+b}$$

が得られる．

問題　(1.14)の分母

$$\left|\frac{\partial \boldsymbol{r}}{\partial u^1}\times\frac{\partial \boldsymbol{r}}{\partial u^2}\right|$$

は $\sqrt{g_{11}g_{22}-g_{12}{}^2}$ に等しいことを示せ．

解　一般に

$$|\boldsymbol{a}\times\boldsymbol{b}|=|\boldsymbol{a}|\,|\boldsymbol{b}|\sin\theta$$

ここに θ はベクトル $\boldsymbol{a}$ と $\boldsymbol{b}$ とのなす角である．これから

$$\begin{aligned}|\boldsymbol{a}\times\boldsymbol{b}|^2&=|\boldsymbol{a}|^2|\boldsymbol{b}|^2(1-\cos^2\theta)\\&=(\boldsymbol{a}\cdot\boldsymbol{a})(\boldsymbol{b}\cdot\boldsymbol{b})-(\boldsymbol{a}\cdot\boldsymbol{b})^2.\end{aligned}$$

従って

$$\left|\frac{\partial \boldsymbol{r}}{\partial u^1}\times\frac{\partial \boldsymbol{r}}{\partial u^2}\right|^2=g_{11}g_{22}-g_{12}{}^2.$$

§1.6　いろいろな曲面

a)　2次曲面より

半径 a の球面では，主曲率は縮退して $\kappa_1=\kappa_2=1/a$ であり，Gauss 曲率 K は $1/a^2$ に等しく，平均曲率 H は $1/a$ に等しい．

半径 a の円柱面では，主曲率は $1/a$ と 0 であり，$K=0$，$H=1/2a$ である．

例 1

$$z=\frac{x^2}{2\rho_1}+\frac{y^2}{2\rho_2}, \qquad \rho_1, \rho_2>0$$

で与えられる楕円放物面は，パラメータ表示で

$$\boldsymbol{r}(x,y)=\left(x,y,\frac{x^2}{2\rho_1}+\frac{y^2}{2\rho_2}\right).$$

これから

$$\frac{\partial\boldsymbol{r}}{\partial x}=\left(1,0,\frac{x}{\rho_1}\right),$$

$$\frac{\partial\boldsymbol{r}}{\partial y}=\left(0,1,\frac{y}{\rho_2}\right)$$

によって第1基本形式が

$$ds^2=\left(1+\frac{x^2}{{\rho_1}^2}\right)dx^2+2\frac{xy}{\rho_1\rho_2}dxdy+\left(1+\frac{y^2}{{\rho_2}^2}\right)dy^2$$

の形で求まる．

$$\frac{\partial\boldsymbol{r}}{\partial x}\times\frac{\partial\boldsymbol{r}}{\partial y}=\left(-\frac{x}{\rho_1},-\frac{y}{\rho_2},1\right)$$

より法ベクトルは

$$\boldsymbol{e}=\left(-\frac{x}{\rho_1A},-\frac{y}{\rho_2A},\frac{1}{A}\right),$$

ここに

$$A\equiv[1+(x^2/{\rho_1}^2)+(y^2/{\rho_2}^2)]^{1/2}.$$

(1.17)を利用すれば，第2基本形式も容易に計算できて

$$-d\boldsymbol{r}\cdot d\boldsymbol{e}=\frac{1}{\rho_1A}dx^2+\frac{1}{\rho_2A}dy^2.$$

これから

$$K=\frac{1}{\rho_1\rho_2A^4},\quad H=\frac{1}{2A^3}\left[\frac{1}{\rho_1}\left(1+\frac{y^2}{{\rho_2}^2}\right)+\frac{1}{\rho_2}\left(1+\frac{x^2}{{\rho_1}^2}\right)\right].$$

原点 $x=y=0$ での主曲率は $1/\rho_1$ と $1/\rho_2$ である．

b） 極小曲面

平均曲率がいたるところ0である曲面を**極小曲面**(minimal surface)という．

定まった曲線をよぎる面のうち面積が最小になるものという意味である．石けん膜を張ることにより，表面張力のはたらきで極小曲面が実現される．

さて曲面の面積は(1.13)すなわち

$$\iint_D \sqrt{g_{11}g_{22}-g_{12}{}^2}\, du^1du^2 \tag{1.29}$$

で与えられる．領域 D の境界を固定したまま僅かに変形するには $\boldsymbol{r}(u^1, u^2)$ を

$$\bar{\boldsymbol{r}}(u^1, u^2) = \boldsymbol{r}(u^1, u^2)+\varepsilon f(u^1, u^2)\boldsymbol{e}(u^1, u^2)$$

でおきかえればよい．ここに $\boldsymbol{e}$ は法ベクトル，ε は微小な数，f は境界で 0 となる任意関数である．

$$\frac{\partial \bar{\boldsymbol{r}}}{\partial u^i} = \frac{\partial \boldsymbol{r}}{\partial u^i}+\varepsilon f\frac{\partial \boldsymbol{e}}{\partial u^i}+\varepsilon\frac{\partial f}{\partial u^i}\boldsymbol{e}$$

から ε^2 を無視して

$$\frac{\partial \bar{\boldsymbol{r}}}{\partial u^i}\cdot\frac{\partial \bar{\boldsymbol{r}}}{\partial u^k} = \frac{\partial \boldsymbol{r}}{\partial u^i}\cdot\frac{\partial \boldsymbol{r}}{\partial u^k}+2\varepsilon f\frac{\partial \boldsymbol{r}}{\partial u^i}\cdot\frac{\partial \boldsymbol{e}}{\partial u^k}$$

が得られる．ここで $\boldsymbol{e}\cdot\partial\boldsymbol{r}/\partial u^i=0$ を用いた．従って(1.29)の g_{ik} は

$$\bar{g}_{ik} = g_{ik}-2\varepsilon fh_{ik}$$

へと変り，$g_{11}g_{22}-g_{12}{}^2$ は

$$\begin{aligned}\bar{g}_{11}\bar{g}_{22}-\bar{g}_{12}{}^2 &= g_{11}g_{22}-g_{12}{}^2-2\varepsilon f(g_{11}h_{22}+g_{22}h_{11}-2g_{12}h_{12})\\ &= (g_{11}g_{22}-g_{12}{}^2)(1-4\varepsilon fH)\end{aligned}$$

へと変る．結局

$$\sqrt{\bar{g}_{11}\bar{g}_{22}-\bar{g}_{12}{}^2} = \sqrt{g_{11}g_{22}-g_{12}{}^2}(1-2\varepsilon fH).$$

これから，面積が極小となるためには

$$\iint_D fH\sqrt{g_{11}g_{22}-g_{12}{}^2}du^1du^2 = 0$$

が必要であり，$f(u^1, u^2)$ が任意の関数であることを考慮して，$H\equiv 0$ が必要となる．

例 2 z 軸を対称軸とする回転面

$$\sqrt{x^2+y^2} = a\cosh\frac{z}{a}, \quad \cosh\frac{z}{a}\equiv\frac{1}{2}(e^{z/a}+e^{-z/a})$$

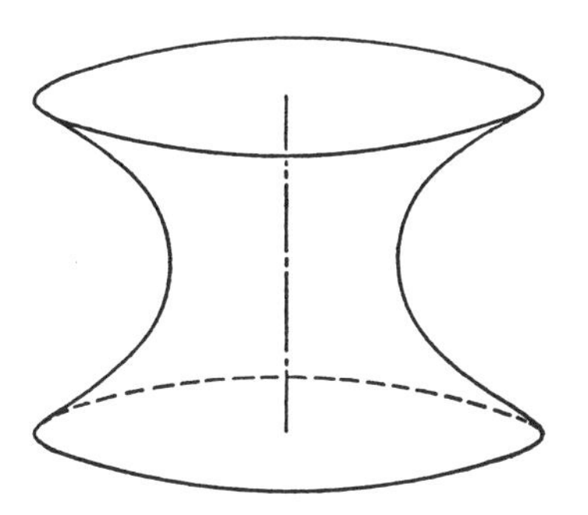

図1.7　懸　垂　面.

を**懸垂面**(catenoid)という(図1.7). これが極小曲面であることを示すには,

$$\boldsymbol{r}(z,\varphi)=\left(a\cosh\frac{z}{a}\cos\varphi,\ a\cosh\frac{z}{a}\sin\varphi, z\right)$$

から出発して前例のように計算すればよい. 結果は

$$K=\frac{-1}{a^2\cosh^4(z/a)},\qquad H=0$$

となる. 懸垂面は回転面としては唯一の極小曲面である.

例3　らせんの主法線が描く線織曲面

∞^1 の直線の族によって描かれる曲面を**線織曲面**(ruled surface)という. 円柱面, 円錐面, 一葉双曲面, 双曲放物面などはその例である. 曲面をつくる直線族の各直線を**母線**(generating line)という. らせんの主法線の描く線織曲面

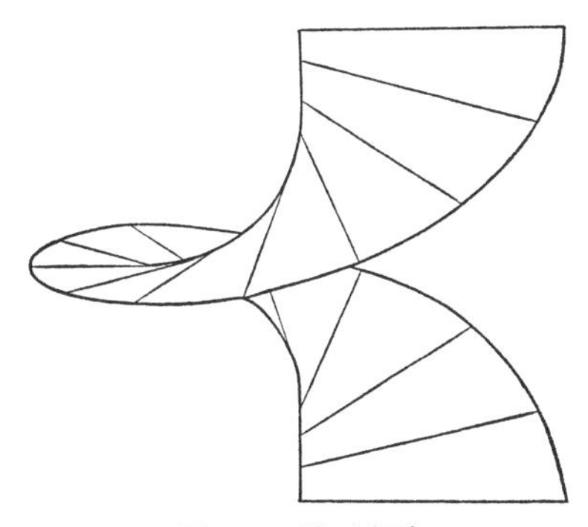

図1.8　正らせん面.

$$\boldsymbol{r}(u,v) = (v\cos u,\ \ v\sin u,\ \ au)$$

$(v>0)$ を**正らせん面** (right helicoid) という (図 1.8). 計算の結果は

$$K = \frac{-a^2}{(v^2+a^2)^2}, \qquad H = 0$$

である. 正らせん面は, 線織曲面としては唯一の極小曲面である.

c) 線織曲面としての Möbius の帯

線織曲面は

$$\boldsymbol{r}(u,v) = \boldsymbol{p}(u) + v\boldsymbol{q}(u) \tag{1.30}$$

の形に表わされる. ここに $\boldsymbol{p}(u)$ は u を長さとする曲線を表わし, $\boldsymbol{q}(u)$ は単位ベクトルである. u を固定して v を変えてゆくと, 点 $\boldsymbol{p}$ を通る方向 $\boldsymbol{q}$ の直線を描く.

標準的な Möbius の帯は上式で

$$\boldsymbol{p}(u) = (\cos u, \sin u, 0),$$

$$\boldsymbol{q}(u) = \left(\cos\frac{u}{2}\cos u, \cos\frac{u}{2}\sin u, \sin\frac{u}{2}\right), \qquad -\frac{1}{2} < v < \frac{1}{2}$$

として表わされる (図 1.9).

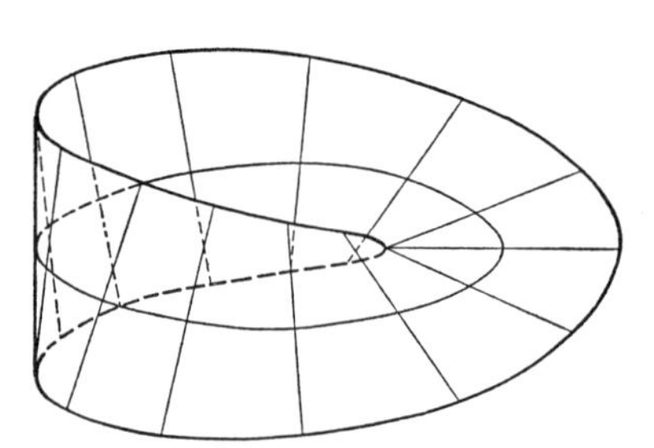

図 1.9　線織曲面としての Möbius の帯.

$$\boldsymbol{p}(u+2\pi) = \boldsymbol{p}(u), \ \ \boldsymbol{q}(u+2\pi) = -\boldsymbol{q}(u)$$

に注意すれば,

$$\boldsymbol{r}(u+2\pi, -v) = \boldsymbol{r}(u,v)$$

が成り立つことがわかる.

法ベクトル $\boldsymbol{e}(u,v)$ の向きは

$$\frac{\partial \boldsymbol{r}}{\partial u}\times\frac{\partial \boldsymbol{r}}{\partial v}=\dot{\boldsymbol{p}}(u)\times\boldsymbol{q}(u)+v\dot{\boldsymbol{q}}(u)\times\boldsymbol{q}(u)$$

の符号できまるから，

$$\boldsymbol{e}(u+2\pi,\ -v)=-\boldsymbol{e}(u,v) \tag{1.31}$$

が成り立つ．すなわち，点 $\boldsymbol{r}(u,v)$ から“同じ点” $\boldsymbol{r}(u+2\pi,-v)$ に移るとき，法ベクトルの向きが逆になる．この意味で Möbius の帯には向きがつけられないのである．

問題 1　c)で調べた Möbius の帯について，$v=0$ の円周 $(\cos u, \sin u, 0)$ 上での K と H とを求めよ．

解　(u,v) を (u^1,u^2) に対応させる．$v=0$ において

$$g_{11}=1,\ \ g_{12}=0,\ \ g_{22}=1.$$

法ベクトル $\boldsymbol{e}$ は

$$\boldsymbol{e}(u,0)=\left(\sin\frac{u}{2}\cos u,\ \ \sin\frac{u}{2}\sin u,\ \ -\cos\frac{u}{2}\right).$$

これを使って

$$h_{11}=-\sin\frac{u}{2},\ \ h_{12}=-\frac{1}{2},\ \ h_{22}=0.$$

これから

$$K=-\frac{1}{4},\ \ H=-\frac{1}{2}\sin\frac{u}{2}.$$

問題 2　曲面

$$\boldsymbol{r}(\theta,\varphi)=\left(a\cos\theta\cos\varphi,\ \ a\cos\theta\sin\varphi,\ \ a\log\tan\left(\frac{\theta}{2}+\frac{\pi}{4}\right)-a\sin\theta\right)$$

を考える(図 1.10)．ここに θ の範囲は $0<\theta<\pi/2$ とする．この曲面の Gauss 曲率が負の一定値 $-1/a^2$ をとることを示せ．

解

$$\frac{\partial \boldsymbol{r}}{\partial \theta}=(-a\sin\theta\cos\varphi,\ \ -a\sin\theta\sin\varphi,\ \ a\tan\theta\sin\theta),$$

$$\frac{\partial \boldsymbol{r}}{\partial \varphi}=(-a\cos\theta\sin\varphi,\ \ a\cos\theta\cos\varphi,\ \ 0)$$

を用いて，第 1 基本形式は

$$ds^2=a^2\tan^2\theta d\theta^2+a^2\cos^2\theta d\varphi^2.$$

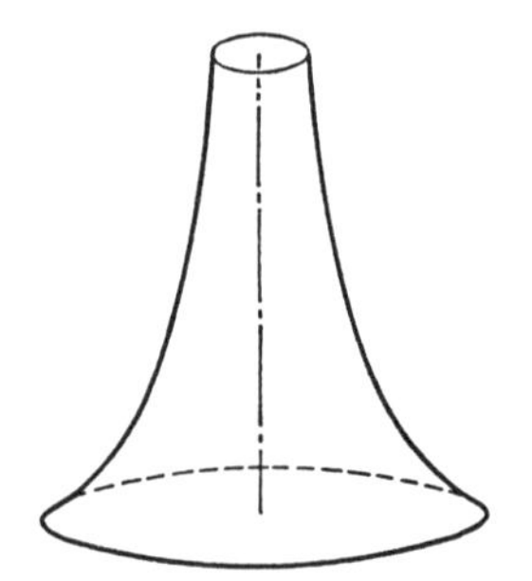

図 1.10 Gauss 曲率が負の一定値をとる曲面の例.

法ベクトルは

$$\boldsymbol{e} = (-\sin\theta\cos\varphi,\ \ -\sin\theta\sin\varphi,\ \ -\cos\theta).$$

第2基本形式は

$$-d\boldsymbol{r}\cdot d\boldsymbol{e} = -a\tan\theta d\theta^2 + a\sin\theta\cos\theta d\varphi^2.$$

これから

$$K = -\frac{1}{a^2},\ \ H = -\frac{1}{a}\cot 2\theta.$$

§1.7 展開可能な線織曲面

線織曲面に属する柱面や錐面では母線が主曲率方向の一つに一致するので，主曲率の一つが0となり，従って Gauss 曲率は0である．曲面が伸縮しないで曲りやすいものと考えたとき，これらの曲面の適当に小さい部分を平面上に展開して重ね合すことができる．一般に，この性質を曲面は平面上に**展開可能** (developable) であるといい，この性質をもつ面を展開可能な面または**可展面** (developable surface) という．可展面の第3の例を見よう．

長さ u を変数とする曲線 $\boldsymbol{r}(u)$ の接線は，u を変えてゆくとき，一つの線織曲面を描く．接線上で接点から測った長さを v とすれば，この曲面は

$$\boldsymbol{r}(u, v) = \boldsymbol{r}(u) + v\boldsymbol{e}_1(u) \tag{1.32}$$

で表示される．ここに $\boldsymbol{e}_1$ は接線ベクトル $\dot{\boldsymbol{r}}$ である．この種の線織曲面を**接線曲面** (tangent surface) という．

(1.32)から，Frenetの公式を用いて，

$$\frac{\partial \boldsymbol{r}}{\partial u} = \boldsymbol{e}_1(u) + v\kappa(u)\boldsymbol{e}_2(u),$$

$$\frac{\partial \boldsymbol{r}}{\partial v} = \boldsymbol{e}_1(u).$$

ここに $\boldsymbol{e}_2$ は曲線の主法線ベクトルで，$\boldsymbol{\kappa}$ は曲率である．この二つのベクトルが一次独立であるために，考えている u の変域で $\kappa(u) \neq 0$ が必要であり，さらに $v>0$ および $v<0$ と分けて考えなければならない．

第1基本形式は

$$ds^2 = (1+v^2\kappa^2)dudu + 2dudv + dvdv \qquad (1.33)$$

と求められる．この中に曲線の捩率 τ が入っていないことに注意しよう．第2基本形式も容易に計算できて，これを

$$h_{11}dudu + 2h_{12}dudv + h_{22}dvdv$$

とおけば，$h_{12}=h_{22}=0$ となることがわかる．従って，接線曲面のGauss曲率はいたるところ0である．

一方，一平面上で $\kappa=\kappa(u)$ を曲率とする曲線を考え，u における接線上で接点から v なる距離にある点を $\boldsymbol{r}(u, v)$ で表わし，接線曲面上の点 $\boldsymbol{r}(u, v)$ と平面上の点 $\boldsymbol{r}(u, v)$ とを対応させる．そうすれば，ds^2 の表式が両方に共通であるから，曲面上の相隣る2点間の距離は，平面上のこれに対応する2点間の距離に等しい．従って，曲面上にある任意の曲線の2点間の長さは，平面上のこれに対応する曲線の対応する2点間の長さに等しい．このことから接線曲面が可展面であることがわかる．

線織曲面は一般に(1.30)すなわち

$$\boldsymbol{r}(u, v) = \boldsymbol{p}(u) + v\boldsymbol{q}(u) \qquad (1.34)$$

の形に表わされる．ここに $\boldsymbol{p}(u)$ は u を長さとする曲線で**底線**(base line)と呼ばれることがある．$\boldsymbol{q}(u)$ は単位ベクトルである．

上式から

$$\frac{\partial \boldsymbol{r}}{\partial v} = \boldsymbol{q}(u), \qquad \frac{\partial^2 \boldsymbol{r}}{\partial v^2} = 0$$

となり，(1.17)から，(u,v) を (u^1,u^2) に対応させて，$h_{22}=0$，従って

$$K=\frac{-h_{12}{}^2}{g_{11}g_{22}-g_{12}{}^2}\leq 0 \tag{1.35}$$

が得られる．こうして線織曲面の Gauss 曲率は正にならないことがわかる．では，線織曲面の Gauss 曲率 K がいたるところ 0 になるのはどのような場合であろうか？

(1.35)により $K=0$ のための条件は $h_{12}=0$ である．すなわち(1.17)より

$$\left(\frac{\partial \boldsymbol{r}}{\partial u}\times\frac{\partial \boldsymbol{r}}{\partial v}\right)\cdot\frac{\partial^2 \boldsymbol{r}}{\partial u\partial v}=0.$$

従って

$$(\dot{\boldsymbol{p}}\times\boldsymbol{q})\cdot\dot{\boldsymbol{q}}=0.$$

言い変えれば，$\dot{\boldsymbol{p}},\boldsymbol{q},\dot{\boldsymbol{q}}$ が一次従属であることが，$K=0$ となるための条件である．一次従属とは，すべてが同時に 0 にならない関数 $a(u),b(u),c(u)$ によって

$$a\dot{\boldsymbol{p}}+b\boldsymbol{q}+c\dot{\boldsymbol{q}}=0 \tag{1.36}$$

が成り立つことにほかならない．

この式において，もし変数 u の領域で $a(u)=0$ ならば

$$b\boldsymbol{q}+c\dot{\boldsymbol{q}}=0.$$

ところが $\boldsymbol{q}$ は単位ベクトルで $\boldsymbol{q}\cdot\dot{\boldsymbol{q}}=0$ ゆえ，b は 0 である．従って $\dot{\boldsymbol{q}}=0$．母線の方向 $\boldsymbol{q}$ が一定である面は，柱面にほかならない．

またもし $a(u)\neq 0$ ならば(1.36)は

$$\dot{\boldsymbol{p}}=\alpha\boldsymbol{q}+\beta\dot{\boldsymbol{q}}$$

の形となる．ここで底線を変えて，$\boldsymbol{p}$ の代りに $\boldsymbol{p}^*=\boldsymbol{p}-\beta\boldsymbol{q}$ を用いれば，

$$\dot{\boldsymbol{p}}^*=\dot{\boldsymbol{p}}-\dot{\beta}\boldsymbol{q}-\beta\dot{\boldsymbol{q}}=(\alpha-\dot{\beta})\boldsymbol{q}$$

であるから，$\alpha-\dot{\beta}$ を $\lambda(u)$ と置いて，結局

$$\boldsymbol{r}(u,v)=\boldsymbol{p}^*(u)+(v+\beta)\boldsymbol{q}(u),$$
$$\dot{\boldsymbol{p}}^*(u)=\lambda(u)\boldsymbol{q}(u)$$

を問題にすることになる．この式は，$\lambda(u)=0$ ならば $\boldsymbol{p}^*$ 一定で底線が 1 点になり錐面を表わし，$\lambda(u)\neq 0$ ならば曲線 $\boldsymbol{p}^*(u)$ の接線曲面である．

こうして次の定理が得られる：

定理 いたるところ Gauss 曲率が 0 である線織曲面は，可展面であり，柱面，錐面，接線曲面に分類され，一般には母線を境にそれらを滑らかに継ぎ合せたものである.

§1.8 いたるところ Gauss 曲率ゼロの曲面

前節ではいたるところ Gauss 曲率が 0 である線織曲面について学んだが，実は，いたるところ Gauss 曲率 0 の曲面は線織曲面になるのである．本節の目的はこれを証明することにあり，そのため少し準備をする.

いままで第 1 基本形式の係数 g_{ik} が主役を演じてきた．これを

$$\begin{bmatrix} g_{11} & g_{12} \\ g_{12} & g_{22} \end{bmatrix}$$

のように行列で表わし，その逆行列を

$$\begin{bmatrix} g^{11} & g^{12} \\ g^{12} & g^{22} \end{bmatrix}$$

とおく．具体的に書けば，

$$g^{11} = g_{22}/g, \quad g^{12} = -g_{12}/g, \quad g^{22} = g_{11}/g,$$

ここに g はもとの行列の行列式

$$g \equiv g_{11}g_{22} - {g_{12}}^2$$

である．ちなみに，この g^{ik} を使えば，平均曲率(1.24)の 2 倍が簡単に

$$2H = \sum g^{ik}h_{ik} = g^{11}h_{11} + 2g^{12}h_{12} + g^{22}h_{22}$$

で与えられることに注意しておこう.

§1.5 の初めに，曲面の法ベクトル $\boldsymbol{e}(u^1, u^2)$ の全微分

$$d\boldsymbol{e} = \sum \frac{\partial \boldsymbol{e}}{\partial u^i} du^i$$

に着目した．$\boldsymbol{e}$ は単位ベクトルであって，$\boldsymbol{e} \cdot \boldsymbol{e} = 1$ から $\partial \boldsymbol{e}/\partial u^i$ は $\boldsymbol{e}$ に直交し従って $\partial \boldsymbol{r}/\partial u^1$ と $\partial \boldsymbol{r}/\partial u^2$ との一次結合で表わされる．これを

$$-\frac{\partial \boldsymbol{e}}{\partial u^i} = \sum {h_i}^m \frac{\partial \boldsymbol{r}}{\partial u^m}$$

の形におき，未定係数 $h_i{}^m$ をつぎのようにして決める．両辺と $\partial \boldsymbol{r}/\partial u^k$ との内積を作り

$$-\frac{\partial \boldsymbol{e}}{\partial u^i}\cdot\frac{\partial \boldsymbol{r}}{\partial u^k}=\sum h_i{}^m\frac{\partial \boldsymbol{r}}{\partial u^m}\cdot\frac{\partial \boldsymbol{r}}{\partial u^k},$$

すなわち

$$h_{ik}=\sum h_i{}^m g_{mk}.$$

ここに h_{ik} は第2基本形式の係数である．両辺に g^{kl} を乗じ k で加え合せ，

$$\sum g_{mk}g^{kl}=\begin{cases}1 & l=m\text{ のとき}\\ 0 & l\neq m\text{ のとき}\end{cases}$$

を利用すれば

$$\sum h_{ik}g^{kl}=h_i{}^l.$$

従って結局

$$\frac{\partial \boldsymbol{e}}{\partial u^i}=-\sum h_{ik}g^{kl}\frac{\partial \boldsymbol{r}}{\partial u^l} \tag{1.37}$$

が得られる．これを Weingarten（ワインガルテン）の微分公式と呼ぶことがある．

ここで§5の(1.21)すなわち法曲率 κ を与える

$$\kappa=\frac{\sum h_{ik}du^idu^k}{\sum g_{ik}du^idu^k}$$

に着目する．κ の絶対値は，曲面上の点Pにおいて，面に垂直な平面で切ったとき現われる曲線の曲率である．垂直切断面の方向を示す比 $du^1:du^2$ を変えてゆくと，この κ の値は変る．もし点Pが楕円的点であれば，κ は決して0にならない．もし双曲的点であれば，この比の二つの値に対して $\kappa=0$ となる．そして放物的点であれば，この比のただ一つの値に対して $\kappa=0$ となる．一般に，$\kappa=0$ となる方向，すなわち

$$\sum h_{ik}du^idu^k=0 \tag{1.38}$$

を満す方向を**漸近方向** (asymptotic direction) という．

放物的点においては，主曲率の一つが0であり，その方向が漸近方向にほかならない．(1.22)で $\kappa=0$ とおき，ただ一つの漸近方向をきめる式として

$$\sum h_{ik}du^k = 0 \tag{1.39}$$

を得る.

曲面上の曲線 C につき, C 上の各点でその接線がつねに曲面の漸近方向に一致しているとき, C を **漸近曲線** (asymptotic curve) という. 曲面上に直線がのっていれば, その直線は漸近曲線である. もちろん直線でない漸近曲線も存在する. 例えば標準トーラスでは, 放物的点をつなげてできる円周は一つの漸近曲線である. これより内側(軸に近い部分)では, 各点を通って2本の漸近曲線があり, これらは総てこの円周に内側から接する. この例からもわかるように, 一般に, 放物的点の一つを通る漸近曲線は1本とは限らない. しかしいたるところ放物的点であるような曲面, いいかえればいたるところ Gauss 曲率が0である曲面では, 各点を通ってただ1本の漸近曲線が存在する.

ここで漸近曲線に関するいくつかの定理を見てゆこう.

定理　直線でない漸近曲線の主法線ベクトルは, 曲面に接する.

証明　漸近曲線の点Pにおける主法線ベクトルを $\boldsymbol{e}_2$ とし, その点での法ベクトルを $\boldsymbol{e}$ とするとき, $\boldsymbol{e}_2\cdot\boldsymbol{e}=0$ を言えばよい. この漸近曲線の曲率を κ_a とすれば, (1.38) と Meusnier の公式 (1.28) とより

$$\kappa_a\boldsymbol{e}_2\cdot\boldsymbol{e} = 0$$

である. 従って $\kappa_a\neq 0$ ならば, すなわち直線でなければ, $\boldsymbol{e}_2\cdot\boldsymbol{e}=0$ である. ∎

定理　Gauss 曲率 $K=0$ の点, すなわち放物的点においては, 直線でない漸近曲線の捩率 τ は0である.

証明　前の定理により, 漸近曲線に沿って従法線ベクトル $\boldsymbol{e}_3$ は曲面の法ベクトル $\boldsymbol{e}$ に等しい: $\boldsymbol{e}_3=\boldsymbol{e}$. 曲線の長さ s で微分し, Frenet の公式を参照すれば

$$\dot{\boldsymbol{e}} = \dot{\boldsymbol{e}}_3 = -\tau\boldsymbol{e}_2$$

であるから, τ はつぎの式で与えられる

$$\tau = -\dot{\boldsymbol{e}}\cdot\boldsymbol{e}_2 = -\sum\frac{du^i}{ds}\frac{\partial\boldsymbol{e}}{\partial u^i}\cdot\boldsymbol{e}_2.$$

ここで Weingarten の微分公式 (1.37) を用い,

$$\tau = \sum\frac{du^i}{ds}h_{ik}g^{kl}\frac{\partial\boldsymbol{r}}{\partial u^l}\cdot\boldsymbol{e}_2$$

となる．右辺は(1.39)により0に等しい．▌

定理 いたるところ$K=0$の曲面は線織曲面である．

証明* いたるところ$K=0$であれば，各点を通り1本ずつの漸近曲線が存在し，曲面は∞^1の漸近曲線で覆われる．これらが直線であれば，曲面は線織曲面であるから，さしあたり漸近曲線が直線でないと仮定する．そうすれば捩率が0であることから，各曲線は平面曲線である．従って曲面の法ベクトル$\boldsymbol{e}$は1本の漸近曲線に沿って一定である．各漸近曲線に沿って$\dot{\boldsymbol{e}}=0$であることから，いたるところ$\dot{\boldsymbol{e}}=0$，すなわち

$$\frac{\partial \dot{\boldsymbol{e}}}{\partial u^1} = \frac{\partial \dot{\boldsymbol{e}}}{\partial u^2} = 0$$

である．曲面が滑らかであることを仮定しているので，ドットすなわちsによる微分と，u^1, u^2による偏微分とは交換できる．従って

$$\frac{\partial \boldsymbol{e}}{\partial u^1} \quad \text{および} \quad \frac{\partial \boldsymbol{e}}{\partial u^2}$$

は各漸近曲線について一定である．これらの偏導関数が共に零ベクトルであれば$\boldsymbol{e}$は定ベクトルとなり，考えている曲面は平面であることになる．そうでなく，たとえば$\partial\boldsymbol{e}/\partial u^1 \neq 0$であれば，この定ベクトルと漸近曲線の接線ベクトル$d\boldsymbol{r}/ds$との内積に着目し，(1.39)を考慮して

$$\sum \frac{\partial \boldsymbol{e}}{\partial u^1} \cdot \frac{\partial \boldsymbol{r}}{\partial u^i} \frac{du^i}{ds} = -\sum h_{1i} \frac{du^i}{ds} = 0.$$

すなわち漸近曲線は，その接線ベクトルが曲線を含む平面内の定ベクトルに垂直であるから，直線である．▌

前節で見たように，いたるところ$K=0$の線織曲面は可展面である．これからつぎの主定理を得る．

定理 いたるところ$K=0$の曲面は可展面である．

§1.9 曲面の中から見た曲率

これまで3次元Euclid空間にある種々の曲面をこの空間に住む人間の目で

---

* L. Bieberbach, Differentialgeometrie (1932) による．

ながめてきた．曲面をそこに住む2次元生物が見るとどうだろうか？　この生物にとっては，自分たちの舞台が3次元 Euclid 空間に埋めこまれていてもそうでなくても大した違いはない．最も主要な興味は舞台が平坦か曲っているかにある．可展面は，そこに住む生物にとっては，平坦であって，局所的に見る限り平面の一部と区別できない．

曲面の法ベクトルは，この曲面が3次元空間にあることを知っていなければ意味がない．従って第2基本形式は考えられない．ところが，第1基本形式

$$ds^2 = \sum g_{ik} du^i du^k \tag{1.40}$$

は，これが $d\boldsymbol{r}\cdot d\boldsymbol{r}$ に等しいことを問題としなければ，曲面の中で固有の意味を有する．2次元生物が計測によって g_{ik} を決め得るからである．そこで，第1基本形式から出発して舞台が平坦かそうでないかを示す一種の曲率を導き出すことができるかどうかが問題になる．

第3章で精しく記述するように，答えは幸い肯定的である．ところが，そうなると，読者は新たな不思議に突き当るであろう．曲面の曲率は Gauss 曲率 K と平均曲率 H とで特徴づけられるが，両者とも第1基本形式の係数 g_{ik} と第2基本形式の係数 h_{ik} とに依る表式で与えられているからである．実は，第3章の結果を先取りすれば，曲面または一般に2次元 Riemann 多様体の Gauss 曲率 K は g_{ik} とその偏導関数だけで表わされるのである．“2次元舞台が平坦かそうでないかを示す一種の曲率”とは Gauss 曲率 K にほかならない．3次元 Euclid 空間において，いたるところ $K=0$ の曲面が可展面であるのはこのことを反映している．

K を g_{ik} とその偏導関数で表わす式は一般に複雑である．しかし，いたるところ $g_{12}=0$ である場合には，比較的簡単になり

$$K = -\frac{1}{\sqrt{g_{11}g_{22}}}\left[\frac{\partial}{\partial u^1}\left(\frac{1}{\sqrt{g_{11}}}\frac{\partial\sqrt{g_{22}}}{\partial u^1}\right)+\frac{\partial}{\partial u^2}\left(\frac{1}{\sqrt{g_{22}}}\frac{\partial\sqrt{g_{11}}}{\partial u^2}\right)\right] \tag{1.41}$$

が成り立つ．

少し例を見てゆこう．まず平面極座標 (r, φ) では

$$ds^2 = dr^2 + r^2 d\varphi^2$$

であるから，(r, φ) を (u^1, u^2) に対応させ，$\sqrt{g_{11}}=1, \sqrt{g_{22}}=r$ を入れると $K=0$ が得られる．当然ながら平坦である．

つぎに標準トーラスでは，§1.4 例2の

$$ds^2 = a^2 d\theta^2 + (a\cos\theta + b)^2 d\varphi^2$$

を用いて，既に知っている結果

$$K = \frac{\cos\theta}{a(a\cos\theta + b)}$$

が直接得られる．

問題1　§1.6の問題2で取り扱った曲面について，第1基本形式，$0<\theta<\pi/2$ で

$$ds^2 = a^2\tan^2\theta d\theta^2 + a^2\cos^2\theta d\varphi^2$$

を用いて，$K=-1/a^2$ を公式により求めよ．

解　(θ, φ) を (u^1, u^2) に対応させれば

$$\sqrt{g_{11}} = a\tan\theta, \quad \sqrt{g_{22}} = a\cos\theta.$$

公式に入れて $K=-1/a^2$ を得る．

問題2　接線曲面では(1.33)を変形しないと公式(1.41)が使えない．

$$ds^2 = g_{11}du^1du^1 + g_{22}du^2du^2$$

の形に変えて，公式により $K=0$ を導け．

解　$ds^2 = (du+dv)^2 + \kappa^2(u)v^2 dudu$ において

$$u+v \equiv u^1, \qquad u \equiv u^2$$

と書きかえれば

$$ds^2 = du^1du^1 + [\kappa(u^2)(u^1-u^2)]^2 du^2du^2$$

となり，$\sqrt{g_{11}}=1$，$\sqrt{g_{22}}=\kappa(u^2)(u^1-u^2)$ を公式に代入して $K=0$ を得る．

第2章　滑らかな多様体

§2.1　n 次元 Euclid 空間

よく知られているように，3次元空間の点 x は順序のついた3個の実数の組 (x^1, x^2, x^3) と1対1に対応する．このとき (x^1, x^2, x^3) を点 x の座標という．この空間が Euclid 空間であるならば，このことは，この点 x と (y^1, y^2, y^3) を座標とする他の点 y との間の**距離** (distance) が

$$d(x, y) = \sqrt{\sum_{i=1}^{3}(x^i - y^i)^2}$$

で与えられるように座標系が選べることで特徴づけられる．この座標系が直交座標系にほかならない．

n 次元 Euclid 空間では，$(x^1, x^2, \cdots, x^n)$ を直交座標とする点 x と $(y^1, y^2, \cdots, y^n)$ を直交座標とする点 y との間の距離は

$$d(x, y) = \sqrt{\sum_{i=1}^{n}(x^i - y^i)^2}$$

で与えられる．n 次元 Euclid 空間は記号 E^n で書かれる．

さて，n 次元 Euclid 空間 E^n において，点 x からの距離が ε より小さいような点全体の集合を考え，これを点 x の ε **近傍** (ε-neighbourhood) といい，通常 $U(x;\varepsilon)$ のような記号で表わす．式で書けば

$$U(x;\varepsilon) = \{y | \, y \in E^n, d(x, y) < \varepsilon\}.$$

文字 U は近傍にあたるドイツ語 Umgebung に由来する．

ここで**開集合**(open set)という重要な語を学ぶ．E^n の部分集合 O が E^n の開集合であるとは，O に属する任意の点 x について，

$$U(x;\varepsilon) \subset O$$

となるような正数 ε が存在するときである．E^n 自身および空集合 ϕ も開集合に含めておく．

点 x の ε 近傍 $U(x;\varepsilon)$ は，それ自身，一つの開集合である．何となればこの近傍に属する任意の点 y に対し，$\delta=\varepsilon-d(x,y)$ とおけば

$$U(y;\delta) \subset U(x;\varepsilon)$$

が成り立つからである(図2.1)．

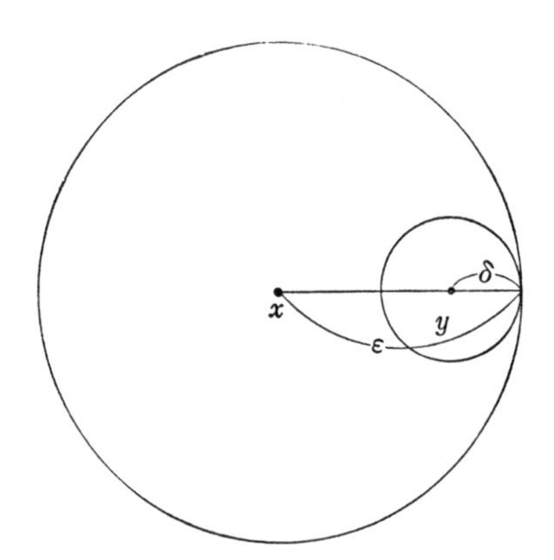

図2.1 点 x の ε 近傍は開集合である．

さて，2個の開集合 O_1, O_2 の共通部分(交わり)$O_1 \cap O_2$ は一つの開集合である．何となれば，この共通部分に含まれる任意の点 x について

$$U(x;\varepsilon_1) \subset O_1, \quad U(x;\varepsilon_2) \subset O_2$$

なる $\varepsilon_1, \varepsilon_2$ が存在し，ε_1 と ε_2 との小さい方を ε とおくと，$U(x;\varepsilon)$ は O_1 と O_2 とに含まれるのでそれらの共通部分に含まれるからである．

しかし無限個の開集合の共通部分は必ずしも開集合ではない．2次元で具体的な例を見よう．原点を中心とする半径$1+\lambda^{-1}$の円の内部を考える．ここに $\lambda=1,2,3,\cdots$．これらの円の内部は開集合であるが，すべてにわたる共通部分

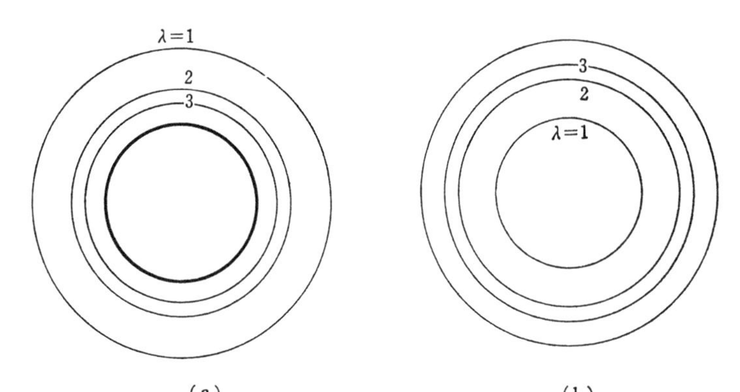

図 2.2 (a)無限個の開集合の共通部分は必ずしも開集合ではない.
(b)開集合の和集合は開集合.

は半径1の円の"内部と周囲"であって開集合ではない(図 2.2(a)).

似た例で和集合(結び)を見よう. 原点を中心とする半径 $2-\lambda^{-1}$ の円の内部を考える. ここに $\lambda=1,2,3,\cdots$ とする. これら円の全部の和集合は明らかに半径2の円の"内部"であり開集合である(図 2.2(b)).

一般につぎの定理が成り立つ.

定理 E^n の任意個の開集合 O_λ の和集合 $\cup_{\lambda\in\Lambda}O_\lambda$ は開集合である. ここに Λ は添え字 λ の集合で, 必ずしも $1,2,3,\cdots$ のように可算でなくてもよい.

証明 この和集合に属する任意の点 x について, $x\in O_\lambda$ なる開集合 O_λ が存在する. 適当な ε が存在して

$$U(x;\varepsilon)\subset O_\lambda\subset\cup_{\lambda\in\Lambda}O_\lambda$$

が成り立つから, 最右辺の和集合は開集合である. ▎

結局, E^n の開集合の特徴を次のようにまとめることができる.

(i) E^n 自身および空集合 ϕ は E^n の開集合である.

(ii) E^n の二つの(従って有限個の)開集合の共通部分は E^n の開集合である.

(iii) E^n の任意個の開集合の和集合は E^n の開集合である.

Euclid 空間における距離という概念を取り去り, 近傍, 開集合の概念だけ

を残すことができるだろうか？　もしできるとすれば，それは上記の定理を“公理”として初めに置くことによってなされるであろう．このことは実際つぎの節でおこなわれる．

§2.2　位相空間

“集合の集合”は**集合の族**(family of sets)と通常呼ばれる．まず定義から始めよう．

集合 X の部分集合の族 $\mathcal{O}$ がつぎの公理を満すものとする．

(i)　X 自身および空集合 ϕ は $\mathcal{O}$ に属する：

$$X, \phi \in \mathcal{O}.$$

(ii)　$\mathcal{O}$ に属する二つの(従って有限個の)集合の共通部分は $\mathcal{O}$ に属する：

$$O_1, O_2 \in \mathcal{O} \Rightarrow O_1 \cap O_2 \in \mathcal{O}.$$

(iii)　$\mathcal{O}$ に属する任意個の集合の和集合は $\mathcal{O}$ に属する：

$$O_\lambda \in \mathcal{O} \Rightarrow \cup\, O_\lambda \in \mathcal{O}.$$

このとき $\mathcal{O}$ を X の上の**位相***(topology)と呼び，位相をそなえた集合 $\{X, \mathcal{O}\}$ を**位相空間**(topological space)という．さらに $\mathcal{O}$ の元を**開集合**(open set)，X の元 x を**点**，x を含む開集合を x の**近傍**という．

位相空間の最も有用な例として，実数空間がある．順序のついた n 個の実数の組 $(x^1, x^2, \cdots, x^n)$ を考える．この組と，他の組 $(y^1, y^2, \cdots, y^n)$ とは，$x^1=y^1$, $x^2=y^2, \cdots, x^n=y^n$ のとき，そしてそのときに限り同じ元とする．$x^1, x^2, \cdots, x^n$ のおのおのが区間 $(-\infty, \infty)$ の任意の値をとるとき，このような実数の組全体を X とする．X の元 $x=(x^1, x^2, \cdots, x^n)$ に対し，$\varepsilon>0$ として

$$|x^i-y^i| < \varepsilon \qquad (i=1, 2, \cdots, n)$$

を満す元 $y=(y^1, y^2, \cdots, y^n)$ の集合を $U(x;\varepsilon)$ とする．X の部分集合 O が X の開集合であるとは，O に属する任意の元 x について $U(x;\varepsilon)\subset O$ となる正数 ε が存在するときである．開集合全体の族を $\mathcal{O}$ とすれば $\{X, \mathcal{O}\}$ は位相空間になる．この位相空間を n 次元**実数空間**と呼び $\boldsymbol{R}^n$ で表わす．$\boldsymbol{R}^1$ を単に $\boldsymbol{R}$ と書き実数

*　位置の様相に由来するか，ギリシャ語 tópos は位置．

直線(real line)と呼ぶ.

位相空間の例としては，空間というよりむしろ点集合に近いものも多い.

例1 3個の元から成る集合 $X=\{a,b,c\}$ において，部分集合の族

$$\mathcal{O}=\{\phi,\{a\},\{b\},\{c\},\{a,b\},\{a,c\},\{b,c\},X\}$$

は上の公理を満し，従って X の上の一つの位相を与える(図2.3(左)).

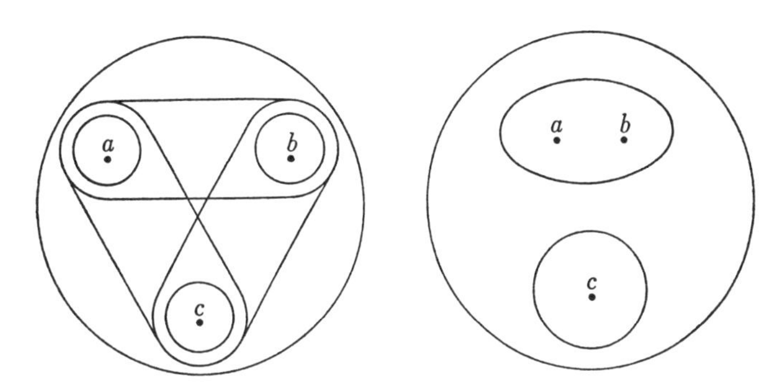

図2.3 位相空間の例.(左)はHausdorff空間であり，(右)はそうでない.

例2 同じ集合 X において，部分集合の族

$$\mathcal{O}'=\{\phi,\{a,b\},\{c\},X\}$$

もまた一つの位相を与える(図2.3(右)).

例1と例2との相違の重要な特徴は何であろうか？ 例2では a,b の一方を含んで他方を含まない開集合が存在しない．いいかえれば，a と b とが“分離”していない．そこで次の定義がなされる.

位相空間 $\{X,\mathcal{O}\}$ の任意の2点 x,y に対し,

$$U(x)\cap U(y)=\phi$$

であるような x の近傍 $U(x)$ と y の近傍 $U(y)$ とが位相 $\mathcal{O}$ に含まれるとき，このような位相空間を**Hausdorff**(ハウスドルフ)**空間**という.

実数空間 $\boldsymbol{R}^n$ や上の例1はHausdorff空間であるが，例2はそうでない.

一般に，集合 A と B とについて，A の元 a と B の元 b との対 (a,b) 全体の集合を A と B との**直積**(direct product)または**直積集合**といい，記号 $A\times B$ で

表わす：

$$A \times B = \{(a, b) | a \in A, b \in B\}.$$

つぎに位相空間の直積はどう定義されるかを例について考えてみる．2個の元 a, b からなる集合 $X = \{a, b\}$ と，同じく c, d からなる集合 $Y = \{c, d\}$ があり，X の上の位相として $\mathcal{O}_X = \{\phi, \{a\}, X\}$ を採り，Y の上の位相として $\mathcal{O}_Y = \{\phi, \{c\}, Y\}$ を採る(図 2.4(a))．直積集合 $X \times Y$ の元は $(a, c), (b, c), (a, d), (b, d)$ であるが，これらを ac, bc, ad, bd と略記しよう．ちょっと考えると，$\mathcal{O}_X$ の元と $\mathcal{O}_Y$ の元との直積の全体(図 2.4(b) の実線)

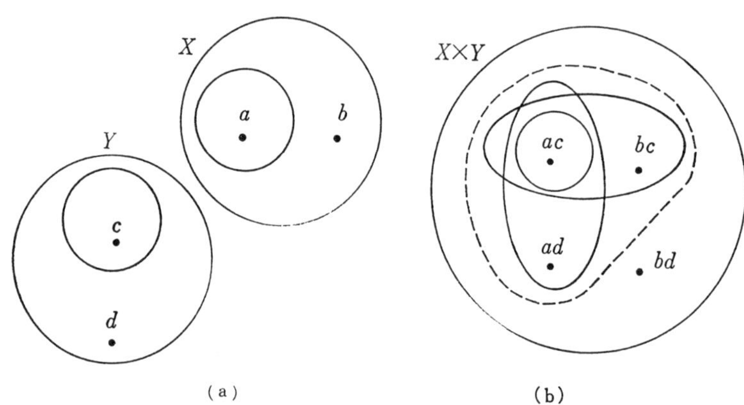

図 2.4　位相空間の直積．

$$\{\phi, \{ac\}, \{ac, bc\}, \{ac, ad\}, X \times Y\}$$

が集合 $X \times Y$ の上の位相を与えると思うかも知れないが，これは位相でない．何となれば二つの開集合 $\{ac, bc\}$ と $\{ac, ad\}$ との和集合(図の点線)がこの族に含まれていないからである．これをつけ加えて

$$\mathcal{O} = \{\phi, \{ac\}, \{ac, bc\}, \{ac, ad\}, \{ac, bc, ad\}, X \times Y\}$$

を作れば，これが $X \times Y$ の上の位相を与えることは明らかである．このようにして作られた位相空間 $\{X \times Y, \mathcal{O}\}$ を位相空間 $\{X, \mathcal{O}_X\}$ と $\{Y, \mathcal{O}_Y\}$ との**直積空間** (product space) という．

一般に，直積空間の定義はつぎのように与えられる．$\{X, \mathcal{O}_X\}$, $\{Y, \mathcal{O}_Y\}$ を位

相空間とする．直積集合 $X\times Y$ において，

$$\{U\times V|U\in\mathcal{O}_X,\ V\in\mathcal{O}_Y\}$$

を含む最小の位相として $\mathcal{O}$ が一義的にきまる．$\{X\times Y,\mathcal{O}\}$ を位相空間 $\{X,\mathcal{O}_X\}$ と $\{Y,\mathcal{O}_Y\}$ との直積空間という．

二つの Hausdorff 空間の直積空間は Hausdorff 空間である．

2次元実数空間 $\boldsymbol{R}^2$ は実数直線 $\boldsymbol{R}$ と $\boldsymbol{R}$ との直積空間である：$\boldsymbol{R}^2=\boldsymbol{R}\times\boldsymbol{R}$．一般に $\boldsymbol{R}^n=\boldsymbol{R}^{n-1}\times\boldsymbol{R}$，あるいは

$$\boldsymbol{R}^n=\boldsymbol{R}\times\boldsymbol{R}\times\cdots\times\boldsymbol{R}\qquad(n\text{個の直積}).$$

問題　位相空間 X の部分集合 A につき，A の補集合が X の開集合であるとき，A を X の**閉集合**という．X の任意個の閉集合の和集合は一般には X の閉集合とならない．そのような例をあげよ．

解　2次元 Euclid 空間において，原点を中心とする半径 $2-\lambda^{-1}$ の閉円板(円の内部と周囲)を考える．ここに $\lambda=1,2,3,\cdots$．これら閉円板すべての和集合は半径2の円の内部であり閉集合ではない．

§2.3　連 続 写 像

まず集合間の写像について必要なことがらを整理しておこう．

集合 A,B において，A の各元 a に B の或る元を対応させる規則が定まっているとき，A から B への**写像** (mapping) が定められているという．A から B への写像 f を

$$f\colon A\to B\qquad\text{あるいは}\qquad A\xrightarrow{f}B$$

などと表わす．f によって A の元 a に B の元 b が対応するとき

$$b=f(a)\qquad\text{あるいは}\qquad f\colon a\mapsto b$$

と書き，b を f による a の**像** (image) という．記号 $f(a)$ が関数 (function) と同じであることは，関数が写像にほかならないことから適当であろう．

二つの写像

$$f\colon A\to B\qquad\text{と}\qquad g\colon B\to C$$

が与えられているとする．A の元 a に，

$$b=f(a), \quad c=g(b)$$

すなわち

$$c=g(f(a))=h(a)$$

によって，C の元 c を対応させるとき，写像

$$h: A \to C$$

を f と g との**合成写像**といい

$$h=g\circ f$$

で表わす．

写像 $f: A\to B$ において，f による A の像は一般に B の部分集合である．これが B に一致するとき，すなわち $f(A)=B$ のとき，f を A から B の**上への写像** (onto-mapping) という．写像 $f: A\to B$ において，A の異なる2元 a_1, a_2 に対して $f(a_1)\neq f(a_2)$ であるとき，f を**1対1の写像** (one-to-one mapping) という．f が A から B の上への1対1の写像であるとき，$f(a)$ に a を対応させる写像 $f^{-1}: B\to A$ を f の**逆写像** (inverse mapping) という．

集合 A_1, A_2, B_1, B_2 について写像

$$f_1: A_1 \to B_1, \qquad f_2: A_2 \to B_2$$

が与えられているとする．$A_1\times A_2$ の任意の元

$$(a_1, a_2) \in A_1\times A_2$$

に対して

$$(f_1\times f_2)(a_1, a_2)=(f_1(a_1), f_2(a_2))$$

によって写像

$$f_1\times f_2: A_1\times A_2 \to B_1\times B_2$$

が定められ，これを f_1 と f_2 の**直積写像** (product mapping) という．

さて，$\{X, \mathcal{O}\}$ と $\{X', \mathcal{O}'\}$ を位相空間とする．写像 $f: X\to X'$ が X の点 x で連続であるとは，X' における $f(x)$ の任意の近傍 U に対して $f^{-1}(U)$ が X における x の近傍であることをいう．f が X のすべての点で連続であるとき，f は X において連続である，または**連続写像** (continuous mapping) であるとい

う.

例 前節の例1, 例2について

$$f\colon \{X, \mathcal{O}\} \to \{X, \mathcal{O}'\},$$
$$f(a)=a,\ \ f(b)=b,\ \ f(c)=c$$

で写像fを与えれば, fは$\{X, \mathcal{O}\}$から$\{X, \mathcal{O}'\}$の上への1対1の連続写像である. しかし逆写像f^{-1}は連続でない.

定理 一つの位相空間$\{X, \mathcal{O}\}$からHausdorff空間$\{H, \mathcal{O}_H\}$への1対1の連続写像が存在すれば, $\{X, \mathcal{O}\}$もHausdorff空間である.

証明 $x, y \in X, x \neq y$とする. fが1対1の写像であるから$f(x) \neq f(y)$. HがHausdorff空間であるから,

$$f(x) \in U, f(y) \in V, U \cap V = \phi$$

なる開集合U, Vが$\mathcal{O}_H$の中に存在する. fは連続であるから$f^{-1}(U), f^{-1}(V)$は$\mathcal{O}$の開集合で

$$x \in f^{-1}(U), \qquad y \in f^{-1}(V)$$

であり,

$$f^{-1}(U) \cap f^{-1}(V) = f^{-1}(U \cap V) = \phi. \qquad \blacksquare$$

位相空間XからX'の上への1対1連続な写像$f\colon X \to X'$があり, その逆写像$f^{-1}\colon X' \to X$も連続であるとき, fを**同相写像**(homeomorphism)という. そしてこのようなfが存在するとき, XとX'とは**同相**または**位相同形**(homeomorphic)であるという.

上の定理より明らかに, Hausdorff空間に同相な位相空間はHausdorff空間である.

n次元Euclid空間E^nは, その開集合全体を位相とする位相空間である. この位相空間E^nとn次元実数空間$\boldsymbol{R}^n$とは同相である. 何となれば, E^nの点$(x^1, \cdots, x^n)$に$\boldsymbol{R}^n$の点$(x^1, \cdots, x^n)$を対応させる写像が同相写像になっているからである. この意味でE^nと$\boldsymbol{R}^n$とは位相空間としては同じであり, 従って記号$\boldsymbol{R}^n$を共通に用いることが多い. 座標という語も共通に用いられる.

問題　X, Y, Z を位相空間とする．$f: X \to Y$, $g: Y \to Z$ がともに連続写像ならば，合成写像 $g \circ f: X \to Z$ も連続であることを示せ．

解　Z の任意の開集合 U に対し

$$(g \circ f)^{-1}(U) = f^{-1}(g^{-1}(U))$$

は仮定により X の開集合である．

§2.4　商　空　間

或る集合 A の任意の2元 a, b の間に或る関係 $a \sim b$ が成り立つか否かが定まっていて，この関係 $\sim$ について次の3条件が成り立つとき，これを**同値関係** (equivalence relation) という．

(i)　$a \sim a$　　(反射法則)，

(ii)　$a \sim b$　ならば　$b \sim a$　　(対称法則)，

(iii)　$a \sim b$, $b \sim c$　ならば　$a \sim c$　　(推移法則)．

例えば A を実数直線 $\boldsymbol{R}$ として，差 $a-b$ が整数であることを $a \sim b$ と書けば，これは一つの同値関係である．

$a \sim b$ を，a は b に(または a と b とが) **同値** (equivalent) であるという．或る定まった a に同値なものの全体を a の**同値類** (equivalence class) と呼ぶ．明らかに相異なる同値類には共通の元がない．集合 A はこうして同値類に分けられる．

A における同値関係 $\sim$ による同値類全体からなる集合を $A/\sim$ で表わし，これを同値関係 $\sim$ による A の**商集合** (quotient set) という．A の元 a に a の同値類を対応させる写像を，A から $A/\sim$ の上への**標準的** (canonical) 写像という．

さて $\{X, \mathcal{O}_X\}$ を位相空間とし，集合 X に同値関係 $\sim$ が定められているとする．商集合 $X/\sim$ を考え，標準的写像

$$f: X \to X/\sim$$

によって $X/\sim$ の上の位相

$$\mathcal{O}_{X/\sim} = \{U | U \subset X/\sim, f^{-1}(U) \in \mathcal{O}_X\}$$

を与えれば，位相空間 $\{X/\sim, \mathcal{O}_{X/\sim}\}$ が定まる．これを**商位相空間** (quotient topological space) あるいは単に**商空間**という．明らかに写像 f は連続である．

例 1 4個の元よりなる位相空間として

$$X=\{ac, bc, ad, bd\},$$
$$\mathcal{O}_X=\{\phi, \{ac\}, \{ac, ad\}, X\}$$

を考えよう(図2.5)．

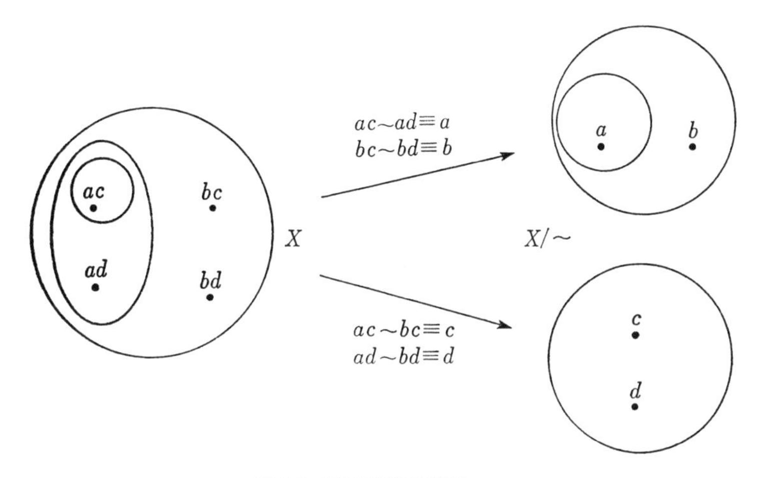

図2.5 位相空間の商空間．

$$ac\sim ad \quad (\text{同値類を } a \text{ とおく}),$$
$$bc\sim bd \quad (\text{同値類を } b \text{ とおく})$$

とすれば，この同値関係による商空間は

$$X/\sim\ =\{a, b\},\quad \mathcal{O}_{X/\sim}=\{\phi, \{a\}, X/\sim\}$$

で与えられる．また別の同値関係として

$$ac\sim bc \quad (\text{同値類を } c \text{ とおく}),$$
$$ad\sim bd \quad (\text{同値類を } d \text{ とおく})$$

を採用すれば，商空間は

$$X/\sim\ =\{c, d\},\quad \mathcal{O}_{X/\sim}=\{\phi, X/\sim\}$$

で与えられる．

例 2 実数直線 $\boldsymbol{R}$ において，2元 x, x' の差 $x-x'$ が整数であることを $x\sim x'$

と書く．この同値関係によって定まる商空間 $\boldsymbol{R}/\sim$ は円周と同相である．円周には記号 S^1 が用いられる．

例3　2次元実数空間 $\boldsymbol{R}^2$ の2元 $(x, y), (x', y')$ について

$$x' = x+n \quad (n \text{ は整数}), \quad y' = y$$

であることを $(x, y)\sim(x', y')$ と書く．この同値関係による商空間 $\boldsymbol{R}^2/\sim$ は円柱面に同相である．なお円柱面は直積空間 $S^1\times\boldsymbol{R}$ でもある．

例4　$\boldsymbol{R}^2$ の2元$(x, y), (x', y')$ について

$$x' = x+n, \ \ y' = y+m \qquad (n, m \text{ は整数})$$

であることを $(x, y)\sim(x', y')$ と書く．この同値関係による商空間 $\boldsymbol{R}^2/\sim$ はトーラス(輪環面)と同相である．このトーラスは直積空間 $S^1\times S^1$ でもある．

例5　$\boldsymbol{R}^2$ の2元 $(x, y), (x', y')$ について

$$x' = x+n, \ \ y' = (-1)^n y \qquad (n \text{ は整数})$$

であることを $(x, y)\sim(x', y')$ と書く．商空間 $\boldsymbol{R}^2/\sim$ は開いた Möbius の帯と同相である．

例6　$\boldsymbol{R}^2$ の2元 $(x, y), (x', y')$ について

$$x' = x+n, \ \ y' = (-1)^n y+m \qquad (n, m \text{ は整数})$$

であることを $(x, y)\sim(x', y')$と書く．商空間 $\boldsymbol{R}^2/\sim$ は Klein のつぼと同相である．

問題　位相空間の集合を考える．位相空間 X が Y に同相であるという関係を同値関係 $X\sim Y$ とすることができるか？

解　できる．ただし，$X\sim X$ を成り立たせるために，X のすべての元 x を x 自身に対応させる．

$$\text{“恒等写像”}: X\to X, \ \ x \longmapsto x$$

を導入しておく必要がある．そうすれば，つぎの3事項から同相という関係が同値関係になることが言える．

(i)　恒等写像は同相写像である．

(ii)　同相写像の逆写像は同相写像である．

(iii)　二つの同相写像の合成写像は同相写像である．

§2.5 滑らかな多様体

$\boldsymbol{R}^n$ の開集合で定義された関数 $f(x^1, x^2, \cdots, x^n)$ が必要に応じ何回でも偏微分できて，高次導関数が連続であるとき，f を**滑らかな関数**という．

$\boldsymbol{R}^n$ の開集合 X から $\boldsymbol{R}^n$ の開集合 Y への写像 f を考える．f は X の元 $x=(x^1, \cdots, x^n)$ を Y の元 $y=(y^1, \cdots, y^n)$ に対応させ，その対応は n 個の関数

$$y^i = f^i(x^1, x^2. \cdots, x^n), \qquad i=1, 2, \cdots, n$$

で与えられるものとする．f^i がすべて滑らかな関数であるとき，f を**滑らかな写像**という．滑らかな写像は，明らかに，連続写像である．

$\boldsymbol{R}^n$ の開集合 X から $\boldsymbol{R}^n$ の開集合 Y の上への1対1の滑らかな写像 f があり，逆写像 $f^{-1}: Y \to X$ も滑らかであるとき，f を**微分同相写像**(diffeomorphism)という．

位相空間 M において開集合の族があり，その和集合が M に等しいとき，その族を M 上の**開被覆**(open covering)という．

これだけの準備の後，滑らかな多様体を次のように定義する．

Hausdorff 空間 M がつぎの3条件を満すとき，M を(境界の無い)n 次元の**滑らかな多様体**(smooth manifold)*という．

(i) M 上に開被覆 $\{U_\alpha\}$ が存在する．

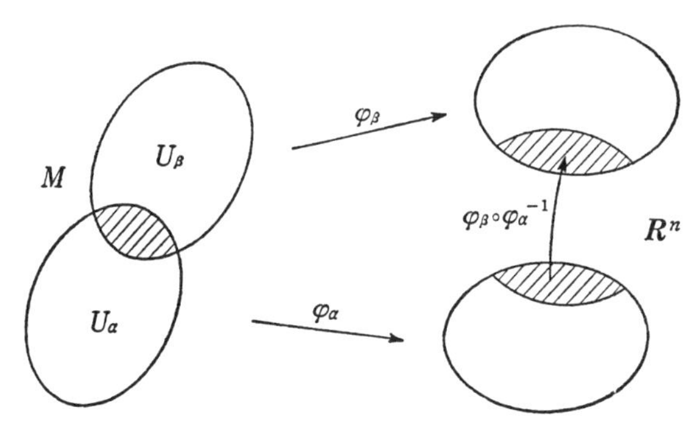

図 2.6 滑らかな多様体の定義．

* 微分可能(differentiable)多様体とも言う．

(ii)　U_α から $\boldsymbol{R}^n$ の開集合の上への同相写像 φ_α が存在する．

(iii)　$U_\alpha \cap U_\beta \neq \phi$ なる U_α, U_β について，$\varphi_\beta \circ \varphi_\alpha{}^{-1}$ は $\varphi_\alpha(U_\alpha \cap U_\beta)$ から $\varphi_\beta(U_\alpha \cap U_\beta)$ の上への微分同相写像である(図2.6)．

条件(i)と(ii)とから次の諸語が定義される．

開集合 U_α と写像 φ_α との組 $(U_\alpha, \varphi_\alpha)$ を**座標近傍** (coordinate neighbourhood) という．単に U_α を座標近傍と呼ぶこともある．M の座標近傍 U_α に属する点Pには，同相写像 φ_α により，$\boldsymbol{R}^n$ の点 $(x^1(\mathrm{P}), \cdots, x^n(\mathrm{P}))$ が対応する．こうして座標近傍 $(U_\alpha, \varphi_\alpha)$ における**局所座標系** (local coordinate system) が定まり，$(x^1(\mathrm{P}), \cdots, x^n(\mathrm{P}))$ を点Pの**局所座標** (local coordinates) という．座標近傍の族 $\{(U_\alpha, \varphi_\alpha)\}$ で $\{U_\alpha\}$ が M の開被覆となるものを M の**座標近傍系**という．

条件(iii)は，局所座標系がそれらの重なるところで滑らかに連なっていることを意味している．

前節の例3から例6までの商位相空間に同相な滑らかな多様体が同じ名称で呼ばれる円柱面，トーラス，開いたMöbiusの帯，Kleinのつぼ，にほかならない．

このうち，円柱面とトーラスは向きがつけられる多様体であり，Möbiusの帯とKleinのつぼは向きがつけられない多様体である．2次元の多様体では，これらのことは直観的に明らかであるが，一般の n 次元 $(n \geqq 2)$ の場合にはどのように定義したらよいだろうか？

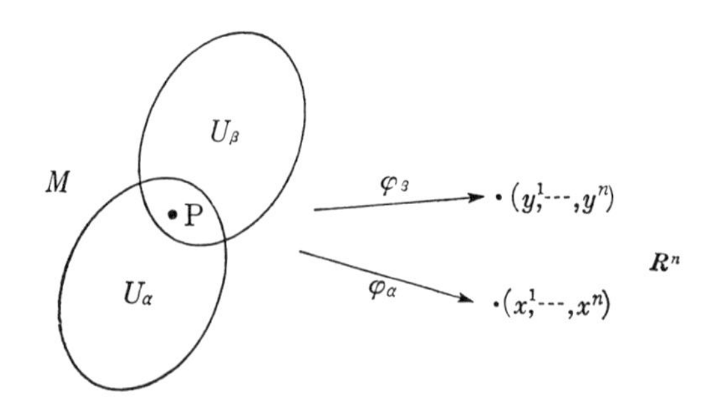

図 2.7　同一点の2通りの局所座標．

U_α, U_β をたがいに交わる二つの座標近傍とし，それから $\boldsymbol{R}^n$ への同相写像をそれぞれ $\varphi_\alpha, \varphi_\beta$ とする(図 2.7)．共通部分 $U_\alpha \cap U_\beta$ に属する点Pの，写像 φ_α による局所座標を $(x^1, \cdots, x^n)$ とおき，φ_β による同じ点の局所座標を $(y^1, \cdots, y^n)$ とおく．$(y^1, \cdots, y^n)$ は滑らかな関数

$$y^i = y^i(x^1, \cdots, x^n), \qquad i = 1, \cdots, n$$

により $(x^1, \cdots, x^n)$ で表わされ，逆に $(x^1, \cdots, x^n)$ は

$$x^i = x^i(y^1, \cdots, y^n), \qquad i = 1, \cdots, n$$

で表わされることになる．これらは局所座標の変換式にほかならない．x^i を x^k で微分すれば，合成関数の微分法の公式から

$$\sum_{j=1}^{n} \frac{\partial x^i}{\partial y^j} \frac{\partial y^j}{\partial x^k} = \delta^i{}_k = \begin{cases} 1 & (i = k \text{ のとき}) \\ 0 & (i \neq k \text{ のとき}) \end{cases}$$

が得られる．両辺の行列式を作ると

$$\begin{vmatrix} \dfrac{\partial x^1}{\partial y^1} & \cdots\cdots & \dfrac{\partial x^1}{\partial y^n} \\ \cdots & \cdots & \cdots \\ \dfrac{\partial x^n}{\partial y^1} & \cdots\cdots & \dfrac{\partial x^n}{\partial y^n} \end{vmatrix} \begin{vmatrix} \dfrac{\partial y^1}{\partial x^1} & \cdots\cdots & \dfrac{\partial y^1}{\partial x^n} \\ \cdots & \cdots & \cdots \\ \dfrac{\partial y^n}{\partial x^1} & \cdots\cdots & \dfrac{\partial y^n}{\partial x^n} \end{vmatrix} = 1.$$

これから二つの行列式，すなわち座標変換の関数行列式，はどちらも0でなく，しかも同符号であることがわかる．これだけの準備の後，つぎのように定義する．

たがいに交わる二つの座標近傍のおのおのに対して座標変換の関数行列式が常に正となるように局所座標系を選ぶことができるとき，この多様体は**向きがつけられる** (orientable) という．そのようにできないとき**向きがつけられない** (non-orientable) という．

$(x^1, x^2, \cdots, x^{n+1})$ を座標とする $\boldsymbol{R}^{n+1}$ の中の n 次元球面 S^n は

$$(x^1)^2 + (x^2)^2 + \cdots + (x^{n+1})^2 = 1$$

で定義される．この多様体が向きがつけられることはほとんど明らかであろうが，宇宙論で一つの役割を演じる $n=3$ の場合(§6.2脚注を参照)をここで扱ってみよう．

例1　$\boldsymbol{R}^4$ の中の3次元球面 S^3

(x, y, z, w) を直交座標にもつ $\boldsymbol{R}^4$ の中に3次元球面

$$x^2+y^2+z^2+w^2=1$$

を考える．$x=0$ の面で2分し，$x>0$ の部分を $U_x{}^+$，$x<0$ の部分を $U_x{}^-$ と名づける：

$$U_x{}^{\pm}=\{(x, y, z, w)|x^2+y^2+z^2+w^2=1, x \gtrless 0\}.$$

同様に $U_y{}^{\pm}, U_z{}^{\pm}, U_w{}^{\pm}$ を作れば，これら8個の開集合の族は S^3 の開被覆をつくる．点 (x, y, z, w) の局所座標として，つぎのように選ぶ．

$$\begin{aligned}
&U_x{}^{\pm} \quad \text{では} \quad (\pm y, z, w),\\
&U_y{}^{\pm} \quad \text{では} \quad (\mp x, z, w),\\
&U_z{}^{\pm} \quad \text{では} \quad (\pm x, y, w),\\
&U_w{}^{\pm} \quad \text{では} \quad (\mp x, y, z), \qquad \text{(複号同順)}.
\end{aligned}$$

座標近傍の交り，たとえば $U_x{}^+ \cap U_y{}^+$ の点は，$U_x{}^+$ の局所座標で (y, z, w), $U_y{}^+$ の局所座標で $(-x, z, w)$ であり，局所座標の変換式は

$$x=\sqrt{1-y^2-z^2-w^2}, \quad z=z, \quad w=w$$

で与えられる．従って関数行列式は

$$\begin{vmatrix} \dfrac{y}{x} & \dfrac{z}{x} & \dfrac{w}{x} \\ 0 & 1 & 0 \\ 0 & 0 & 1 \end{vmatrix}=\frac{y}{x}>0$$

と計算される．また $U_x{}^+ \cap U_y{}^-$ の点は，$U_y{}^-$ の局所座標で (x, z, w) であるから，関数行列式は

$$\begin{vmatrix} -\dfrac{y}{x} & -\dfrac{z}{x} & -\dfrac{w}{x} \\ 0 & 1 & 0 \\ 0 & 0 & 1 \end{vmatrix}=-\frac{y}{x}>0$$

となる．たがいに交わるどの二つの座標近傍についても同様に座標変換の関数行列式は正である．従って S^3 は向きがつけられる3次元の滑らかな多様体である．∎

トーラスや Klein のつぼは閉じた多様体であり，円柱面や開いた Möbius の帯は閉じていない多様体である．これらは直観的に明らかであるが，一般にはつぎのように定義する．

(境界のない)多様体 M 上の任意の開被覆を $\{U_\alpha\}$ とする．この開集合の族 $\{U_\alpha\}$ の中から適当な有限個の開集合を選んでこれだけで M の開被覆が作れるとき M を**コンパクト** (compact) な多様体という．閉じた多様体とはコンパクトな多様体であり，閉じていない多様体とはコンパクトでない (non-compact) 多様体にほかならない．

コンパクトという概念はもともと位相空間に一般にあてはまるものである．例えば，原点を中心とする半径 2 の円の内部を位相空間 X とする．原点を中心とする半径 $2-\alpha^{-1}(\alpha=1,2,\cdots)$ の円の内部を U_α とすれば，$\{U_\alpha\}$ は X の開被覆である．この族 $\{U_\alpha\}$ の中から有限個選んで X を覆うことはできない．従ってこの位相空間はコンパクトでない．

M, N を滑らかな多様体とし，局所座標系をそれぞれ

$$\{U_\alpha, \varphi_\alpha\}, \quad \{V_\beta, \psi_\beta\}$$

とする．

$$\{U_\alpha \times V_\beta, \varphi_\alpha \times \psi_\beta\}$$

を局所座標系とする直積空間 $M \times N$ を**積多様体** (product manifold) といい，やはり $M \times N$ で表わす．

例 2 n 次元トーラス $\boldsymbol{T}^n$

n 次元球面で $n=1$ としたもの S^1 は円周にほかならない．2 次元トーラス $\boldsymbol{T}^2$ は $S^1 \times S^1$ で表わされる積多様体である．S^1 は 1 次元トーラスとも見られるから，これを $\boldsymbol{T}^1$ と書けば

$$\boldsymbol{T}^2 = \boldsymbol{T}^1 \times \boldsymbol{T}^1$$

が得られる．こうして一般に n 次元トーラス $\boldsymbol{T}^n$ が

$$\boldsymbol{T}^n = \boldsymbol{T}^{n-1} \times \boldsymbol{T}^1$$

で定義される．

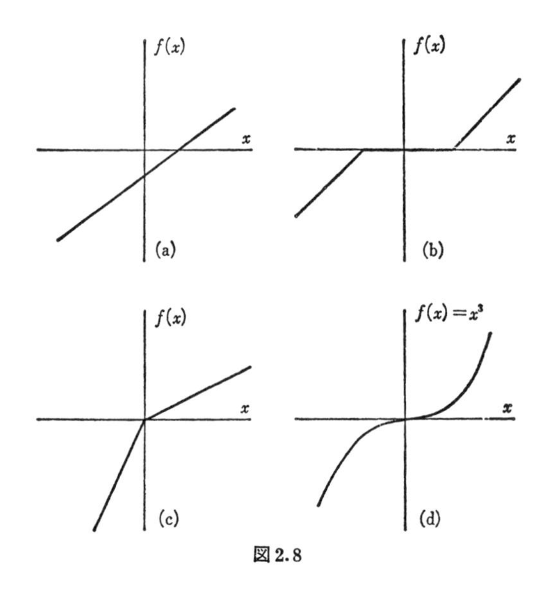

図 2.8

問題 図 2.8 の(a), (b), (c), (d)で表わされる関数 $f(x)$ を $x\in \boldsymbol{R}$ から $f(x)\in \boldsymbol{R}$ への写像と解釈する．これらはつぎのどれか？

(i) 連続写像であるが，逆写像は連続でない．

(ii) 連続写像であり，逆写像も連続であるが，滑らかな写像ではない．

(iii) 滑らかな写像であるが，逆写像は滑らかでない．

(iv) 滑らかな写像であり，逆写像も滑らかである．

解 (a)は(iv)．(b)は(i)．(c)は(ii)．(d)は(iii)．

§2.6 多様体間の微分同相写像

3 次元 Euclid 空間の中に 4 種の面——立方体の表面，球面，楕円面，トーラス——を作る．二つの位相空間が同相であることの意味を §2.3 で学んだが，一言でいえば，一方を“連続的に変形して”他方にすることができる場合に同相というのであった．立方体の表面と，球面と，楕円面とは互いに同相であり，トーラスは他の 3 種のどれとも同相でない．さて立方体の表面は滑らかな多様体ではない．滑らかな多様体同士の球面と楕円面とでは，滑らかにしたまま，一方を他方に変形することができる．このような性質を球面と楕円面とは微分同相であるというが，下にその定義を述べよう．

M, Nを滑らかなn次元多様体とし

$$f: M \to N$$

をMからNへの与えられた写像とする(図2.9)．Mの座標近傍系$\{(U_\alpha, \varphi_\alpha)\}$，$N$の座標近傍系$\{(V_\beta, \psi_\beta)\}$をそれぞれ一つとる．$M$の任意の点$x$につき

$$x \in U_\alpha,\ \ y = f(x),\ \ y \in V_\beta$$

とする．$\psi_\beta \circ f \circ \varphi_\alpha^{-1}$が$\boldsymbol{R}^n$の開集合$\varphi_\alpha(U_\alpha \cap f^{-1}(V_\beta))$から開集合$\psi_\beta(V_\beta)$への写像として滑らかであるとき，$f$を$M$から$N$への**滑らかな写像**という．$M$から$N$の上への1対1滑らかな写像$f$があり，逆写像$f^{-1}$も滑らかであるとき，$f$を多様体間の微分同相写像という．そしてこのような$f$が存在するとき，$M$と$N$とは**微分同相**(diffeomorphic)であるという．

これまで滑らかな多様体の例をいろいろ見てきた．閉じた2次元多様体に限っても，球面，トーラス，Kleinのつぼ，などがある．球面やトーラスは3次元Euclid空間，または3次元実数空間$\boldsymbol{R}^3$の中の曲面として実現できる．い

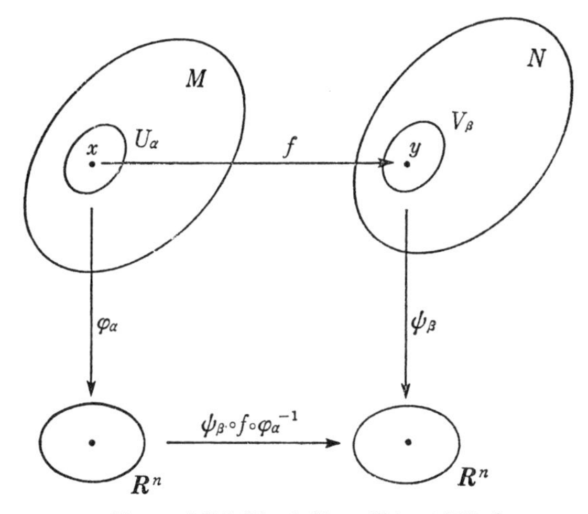

図2.9 多様体MからNへの滑らかな写像f.

いかえれば，$\boldsymbol{R}^3$ の中に描かれた曲面と微分同相にすることができる．このような性質を“2次元球面や2次元トーラスは $\boldsymbol{R}^3$ の中に埋めこむことができる”という．

Klein のつぼは $\boldsymbol{R}^3$ の中に埋めこむことができない．しかし $\boldsymbol{R}^4$ ならば，その中に埋めこむことができる．実際，u, v をパラメータとして

$$\boldsymbol{x}(u,v) = (\cos^2 u, \cos u(\sin u+\sin 2v), \\ \sin u(\cos u+\sin 2v), \cos 2v)$$

とおくと，

$$u' = u+n\pi,\quad v' = (-1)^n v+m\pi \qquad (n, m \text{ は整数})$$

に対して

$$\boldsymbol{x}(u',v') = \boldsymbol{x}(u,v)$$

であるから，この $\boldsymbol{x}(u,v)$ は Klein のつぼを表わす曲面となっている．[図 0.7 は，(x^1, x^2, x^3, x^4) を座標とする $\boldsymbol{R}^4$ の中に作られたこの曲面を (x^2, x^3, x^4) 空間に投影し，さらに x^4 に近い方向から立体的に見たものである．]

球面と楕円面とは滑らかな多様体としては区別されない．しかしこれに計量を導入すると——つまり曲率などを問題にすると——両者は当然異なる．この計量が次章の主題にほかならない．

第3章　Riemann 多様体

§3.1　Riemann 計量

第1章で学んだように，3次元 Euclid 空間の中の滑らかな曲面の上の点は，2個のパラメータ u^1, u^2 を用いて

$$\boldsymbol{r} = \boldsymbol{r}(u^1, u^2)$$

で表わされ，点 (u^1, u^2) からこれに近い点 (u^1+du^1, u^2+du^2) へ引いたベクトル $d\boldsymbol{r}$ は全微分

$$d\boldsymbol{r} = \frac{\partial \boldsymbol{r}}{\partial u^1}du^1 + \frac{\partial \boldsymbol{r}}{\partial u^2}du^2 = \sum \frac{\partial \boldsymbol{r}}{\partial u^i}du^i$$

で与えられる．重要なことは，$\boldsymbol{r}=\boldsymbol{r}(u^1, u^2)$ が一点 (u^1, u^2) において真に2次元的な曲面を表わすためには，$\partial\boldsymbol{r}/\partial u^1$ と $\partial\boldsymbol{r}/\partial u^2$ とがその点で一次独立でなければならない．たとえば単位球面

$$\boldsymbol{r} = (\sin\theta\cos\varphi, \sin\theta\sin\varphi, \cos\theta)$$

の上で $\theta=0$ および $\theta=\pi$ の点ではこの条件が満されない．このような点を取り除いた“開集合”が前章で定義した座標近傍の一つにほかならない．

この座標近傍で，$d\boldsymbol{r}$ の長さ ds は次の第1基本形式で表わされる：

$$ds^2 = d\boldsymbol{r}\cdot d\boldsymbol{r} = \sum g_{ik}du^i du^k,$$

$$g_{ik} = \frac{\partial \boldsymbol{r}}{\partial u^i}\cdot\frac{\partial \boldsymbol{r}}{\partial u^k} = g_{ki}.$$

3次元 Euclid 空間の中の2次元曲面の取扱いを高い次元の Euclid 空間の中の

滑らかなn次元多様体へと一般化することは困難でない．この多様体の一つの座標近傍における局所座標が$(x^1, x^2, \cdots, x^n)$であるとしよう．点$(x^1, \cdots, x^n)$からこれに近い点$(x^1+dx^1, \cdots, x^n+dx^n)$へ引いたベクトルの長さ$ds$は明らかに

$$ds^2 = \sum_{i,k=1}^{n} g_{ik}dx^i dx^k$$

の形で与えられる．今後は，慣習に従い，上下に共通に現われている指標については1からnまで加え合せることを約束して，記号$\sum$を省略しよう：

$$ds^2 = g_{ik}dx^i dx^k. \tag{3.1}$$

これが曲面の第1基本形式の一般化にほかならない．g_{ik}は$(x^1, x^2, \cdots, x^n)$の関数である．

例 4次元 Euclid 空間における3次元球面．(x^1, x^2, x^3, x^4)を直交座標とする Euclid 空間で，

$$(x^1)^2+(x^2)^2+(x^3)^2+(x^4)^2 = a^2$$

は半径aの3次元球面を表わす．“4次元極座標”$(a, \chi, \theta, \varphi)$を

$$x^1 = a\sin\chi\sin\theta\cos\varphi$$

$$x^2 = a\sin\chi\sin\theta\sin\varphi$$

$$x^3 = a\sin\chi\cos\theta$$

$$x^4 = a\cos\chi$$

で定義すれば，aを一定として，(χ, θ, φ)を局所座標に選ぶことができる．

$$ds^2 = (dx^1)^2+(dx^2)^2+(dx^3)^2+(dx^4)^2$$

を計算することにより，

$$ds^2 = a^2[d\chi^2+\sin^2\chi(d\theta^2+\sin^2\theta d\varphi^2)]$$

が得られる．この3次元球面の“体積”Vを求めよう．χ軸とθ軸とφ軸とが互いに直交することに注目して，$ad\chi$と$a\sin\chi d\theta$と$a\sin\chi\sin\theta d\varphi$との積を全体にわたって積分したものが$V$に等しい：

$$V = \int_0^{2\pi}\int_0^{\pi}\int_0^{\pi} a^3\sin^2\chi\sin\theta d\chi d\theta d\varphi = 2\pi^2a^3.$$ ❙

Euclid 空間における曲面については，基本量g_{ik}は，この例のように，Euclid

計量からいわば誘導される．しかし前章で学んだように，多様体は必ずしもEuclid 空間に埋めこまれていると考えられてはいない．むしろそのような仮定なしで取り扱われることに特徴がある．n 次元の滑らかな多様体の座標近傍系に(3.1)と同じ形の計量を，必ずしも Euclid 計量からの誘導によらずに，導入したものが **Riemann**(リーマン)**多様体**である：

Riemann 多様体とは，個々の座標近傍において，局所座標 $(x^1, x^2, \cdots, x^n)$ の点と，$(x^1+dx^1, x^2+dx^2, \cdots, x^n+dx^n)$ の点との距離 ds が定義され，それが **Riemann 計量**と呼ばれる正の定符号形式

$$ds^2 = g_{ik}dx^i dx^k, \quad g_{ik} = g_{ki} \tag{3.2}$$

で与えられるような滑らかな多様体である．

右辺の 2 次形式が正の定符号形式であるとは，$dx^i (i=1, 2, \cdots, n)$ がすべて 0 になる場合を除いて符号がつねに正であることを意味する．特に g_{ik} の作る行列式は正でなければならない．g_{ik} は $(x^1, x^2, \cdots, x^n)$ の関数で，計量基本テンソルまたは単に**計量テンソル** (metric tensor) と呼ばれる．ds は，dx^i や g_{ik} と異なり，局所座標系のとり方によらないものとする．なお，テンソルという言葉の意味は次の節で明らかにされる．

Riemann 計量は局所的な性質であるから，同じ Riemann 計量を持ちながら多様体として異なるのはむしろ普通である．たとえば平坦なトーラスと Euclid 平面とは Riemann 計量の形からは区別できないであろう．

普通のトーラスは 3 次元 Euclid 空間に埋めこむことができるが，平坦なトーラスは 4 次元まで高めないと埋めこむことができない．実際，4 次元 Euclid 空間で直交座標が

$$(\cos u, \sin u, \cos v, \sin v)$$

で与えられる 2 次元 Riemann 多様体は，u と v とをパラメータとして，トーラスを表わし，

$$ds^2 = du^2 + dv^2$$

であるから，平坦である．4 次元 Euclid 空間では，Klein のつぼは実現できる(§2.6)が，平坦な Klein のつぼを平坦なまま実現することはできない．こ

のように，Riemann 多様体を“等長のまま”Euclid 空間に実現することと，滑らかな多様体として Euclid 空間に実現することとは，必要とする次元が異なるのが通常である．なお次のことが知られている：平坦で閉じた n 次元の Riemann 多様体を平坦なまま埋めこめる Euclid 空間の次元の最小値は $2n$ 以上である．

§3.2　テンソル

前節の例からもわかるように，Riemann 多様体の局所座標系はかなり自由に選ぶことができる．最も簡単な例として Euclid 平面をとれば，(x^1, x^2) として直交座標 (x, y) を採用することもできるし，平面極座標 (r, φ) をとることもできる．

いまこの平面上に温度 T が分布しているとしよう：$T=T(x^1, x^2)$．このとき $(\partial T/\partial x^1, \partial T/\partial x^2)$ を成分とする“ベクトル”で温度勾配を定義してよいと一応考えられる．なるほど直交座標では $(\partial T/\partial x, \partial T/\partial y)$ が通常の定義と一致するが，しかし，極座標で $(\partial T/\partial r, \partial T/\partial \varphi)$ を作ってもそのままでは使えない．温度勾配の絶対値の 2 乗は，それぞれ

$$\left(\frac{\partial T}{\partial x}\right)^2+\left(\frac{\partial T}{\partial y}\right)^2 \quad \text{および} \quad \left(\frac{\partial T}{\partial r}\right)^2+\frac{1}{r^2}\left(\frac{\partial T}{\partial \varphi}\right)^2$$

に等しいからである．そこで一点の近傍において，任意の座標系でのベクトルの定義から始める．

一つの座標系 $(x^1, x^2, \cdots, x^n)$ と他の座標系 $(x'^1, x'^2, \cdots, x'^n)$ との間の変換

$$x^i = f^i(x'^1, x'^2, \cdots, x'^n)$$

を考える．f^i は或る関数である．この座標変換によって“座標の微分”dx^i はつぎの変換を受ける：

$$dx^i = \frac{\partial x^i}{\partial x'^k}dx'^k. \tag{3.3}$$

ここで分母分子に上つき指標としてあらわれている k について，1 から n まで加え合せる約束があることを注意しておこう．

n 個の成分 $(A^1, A^2, \cdots, A^n)$ で表わされる量 A^i が,座標の変換に際して(3.3)と同じ変換

$$A^i = \frac{\partial x^i}{\partial x'^k} A'^k \tag{3.4}$$

を受けるとき，この量を**反変ベクトル** (contravariant vector) という.

Φ を或るスカラーとする. $\partial\Phi/\partial x^i$ は座標の変換に際して，(3.3)とは異なる変換を受ける：

$$\frac{\partial\Phi}{\partial x^i} = \frac{\partial\Phi}{\partial x'^k}\frac{\partial x'^k}{\partial x^i}. \tag{3.5}$$

n 個の成分 $(A_1, A_2, \cdots, A_n)$ で表わされる量 A_i が座標変換によって(3.5)と同じ変換

$$A_i = \frac{\partial x'^k}{\partial x^i} A'_k \tag{3.6}$$

を受けるとき，この量を**共変ベクトル** (covariant vector) という.

n^2 個の成分をもつ量 A^{ik} が二つの反変ベクトルの積と同じ変換

$$A^{ik} = \frac{\partial x^i}{\partial x'^l}\frac{\partial x^k}{\partial x'^m} A'^{lm} \tag{3.7}$$

を受けるとき，この量を2階の**反変テンソル**という. 同様に2階の**共変テンソル**は

$$A_{ik} = \frac{\partial x'^l}{\partial x^i}\frac{\partial x'^m}{\partial x^k} A'_{lm} \tag{3.8}$$

の変換を受け，**混合テンソル**は

$$A^i{}_k = \frac{\partial x^i}{\partial x'^l}\frac{\partial x'^m}{\partial x^k} A'^l{}_m \tag{3.9}$$

の変換を受ける. さらに高階のテンソルも同様に定義される.

同じ点において二つの共変ベクトル A_i と B_i との和をとることができて，結果 A_i+B_i は共変ベクトルである. 同じ点における二つのベクトルの積については，たとえば A_iB^k は混合テンソルである.

$A_{ik\cdots}=A_{ki\cdots}$ であるとき，第1第2指標について対称なテンソルといい，$A_{ik\cdots}$

$= -A_{ki\cdots}$ であるとき反対称なテンソルという．このような対称・反対称の性質が座標変換で変らないことは容易に確められる．

単位テンソルと呼ばれる混合テンソルは

$$\delta^i{}_k = \begin{cases} 1 & (i = k \text{ のとき}) \\ 0 & (i \neq k \text{ のとき}) \end{cases} \tag{3.10}$$

で定義される．この形が座標系によらないことは，(3.9) と

$$\frac{\partial x^i}{\partial x'^l}\frac{\partial x'^l}{\partial x^k} = \delta^i{}_k$$

から明らかである．

(3.9) で i と k とを一致させて 1 から n まで加える：

$$A^i{}_i = \frac{\partial x^i}{\partial x'^l}\frac{\partial x'^m}{\partial x^i}A'^l{}_m = \delta^m{}_l A'^l{}_m = A'^l{}_l.$$

これから $A^i{}_i$ がスカラーであることがわかる．特に $A_i B^i$ は二つのベクトルの内積(スカラー積)である．このように上下指標をそろえて 1 から n まで加えることにより，2 階低いテンソルが得られ，この操作を**縮約** (contraction) という．このさいスカラーは 0 階テンソル，ベクトルは 1 階テンソルと呼びかえておけばよい．

縮約に関連して，たとえば次の性質を示すことができる．Riemann 計量

$$ds^2 = g_{ik}dx^i dx^k$$

において，反変テンソル $dx^i dx^k$ と縮約することによりスカラー ds^2 を作る g_{ik} は共変テンソルである．

この共変テンソル g_{ik} に対して，反変テンソル g^{ik} を

$$g^{lk}g_{ki} = \delta^l{}_i \tag{3.11}$$

で定義する．テンソルを行列として表わしたとき，g_{ik} と g^{ik} とは互いに逆行列になっている．

さて，共変ベクトル A_i と反変ベクトル $g^{ik}A_k$ とは同じ量の**共変成分**と**反変成分**と解釈し，後者を同じ文字で A^i と書くのが通例である：

$$g^{ik}A_k = A^i, \quad A_i = g_{ik}A^k. \tag{3.12}$$

一般のテンソルについても同様で，g^{ik} は計量テンソル g_{ik} の反変成分と呼ば

れることになる．さらに

$$A_iB^i = g_{ik}A^iB^k = A^iB_i \tag{3.13}$$

などの関係式が成り立つ．

例　Euclid 平面での極座標 (r, φ) について

$$ds^2 = dr^2 + r^2 d\varphi^2.$$

(r, φ) を (x^1, x^2) に採って，計量テンソルは

$$g_{11} = 1,\ \ g_{22} = r^2,\ \ g_{12} = 0.$$

反変成分は

$$g^{11} = 1,\ \ g^{22} = r^{-2},\ \ g^{12} = 0.$$

スカラー Φ の勾配を A_i とおけば

$$A_i = \left(\frac{\partial \Phi}{\partial r}, \frac{\partial \Phi}{\partial \varphi}\right),\ \ A^i = \left(\frac{\partial \Phi}{\partial r}, \frac{1}{r^2}\frac{\partial \Phi}{\partial \varphi}\right).$$

これから得られる

$$A_iA^i = \left(\frac{\partial \Phi}{\partial r}\right)^2 + \frac{1}{r^2}\left(\frac{\partial \Phi}{\partial \varphi}\right)^2$$

は勾配の2乗を表わす通常の形と一致する．

§3.3 測 地 線

Euclid 空間では2点を結ぶ最短曲線が直線である．Riemann 多様体上で局所的な最短曲線を**測地線**(geodesic) と呼ぶ．測地線は直線の一般化になっているが，つぎのことで著しく異なる．Euclid 空間では2点を結ぶ直線は1本しか存在しないが，Riemann 多様体上では必ずしもそうでない．たとえば地球上で北極と南極とを結ぶ子午線はすべて測地線であり，一般に球面上の大円はいずれも閉じた測地線である．円柱面の2点 P, Q を結ぶ測地線も無限にあり図3.1にその中の2本を描いてある．これらの測地線のどの部分を選んでも局所的に最短になっており，このことが測地線の特性にほかならない．

さて，2点 a, b を通る最短曲線は，この曲線に沿って長さの要素 ds を積分したもの

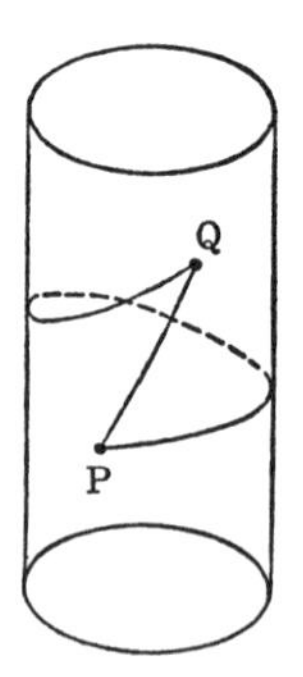

図 3.1　2点PとQとを結ぶ測地線のうち2本を描く.

$$\int_a^b ds \tag{3.14}$$

が極小になるという条件で与えられる．この条件を(3.14)の変分が0になる条件と呼び，つぎの記号で表わす：

$$\delta\int_a^b ds = 0. \tag{3.15}$$

これは，a, b を結ぶ曲線の形を僅かに変えたとき，a, b 間の $\int ds$ の変化は高次の微小量になるという意味である．いいかえれば，弧長を s として曲線を $x^i(s)$ と書いたとき，x^i を $x^i+\delta x^i$ に置きかえても積分値は δx^i の1乗の範囲では変らないという意味である(図3.2)．(3.15)から次のようにして測地線の方程式が得られる．

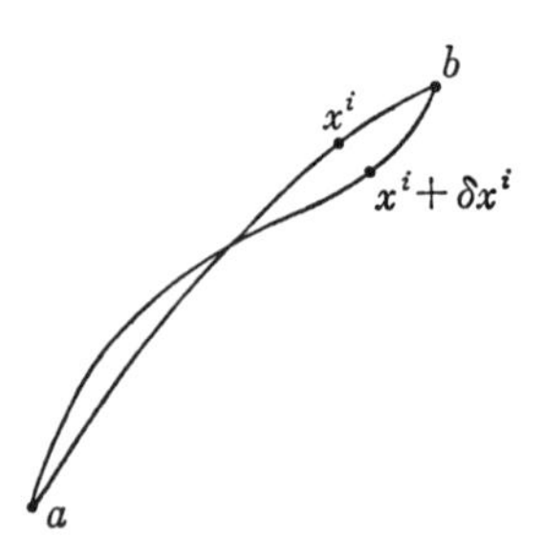

図 3.2　2点 a, b を結ぶ曲線が測地線であるための条件.

Riemann 計量

$$ds^2 = g_{ik} dx^i dx^k$$

から

$$\delta ds^2 = dx^i dx^k \frac{\partial g_{ik}}{\partial x^l} \delta x^l + 2 g_{ik} dx^i d\delta x^k.$$

左辺が $2ds\delta ds$ に等しいことを考慮して(3.15)は次の形をとる.

$$\int_a^b \left[\frac{1}{2} \frac{dx^i}{ds} \frac{dx^k}{ds} \frac{\partial g_{ik}}{\partial x^l} \delta x^l + g_{ik} \frac{dx^i}{ds} \frac{d\delta x^k}{ds} \right] ds = 0.$$

両端 a と b で $\delta x^k = 0$ であることを考慮して部分積分をおこなえば，[　]の中の第2項を

$$-\frac{d}{ds}\left(g_{ik} \frac{dx^i}{ds} \right) \delta x^k$$

でおきかえたものとなる．ここで

$$u^i \equiv \frac{dx^i}{ds} \tag{3.16}$$

とおけば，

$$\int_a^b \left[\frac{1}{2} u^i u^k \frac{\partial g_{ik}}{\partial x^l} - \frac{d}{ds}(g_{il} u^i) \right] \delta x^l ds = 0.$$

この等式が任意の δx^l について成り立つためには[　]の中が0でなければならない：

$$\frac{1}{2} u^i u^k \frac{\partial g_{ik}}{\partial x^l} - \frac{d}{ds}(g_{il} u^i) = 0.$$

符号を変え，つぎのように変形することは容易である：

$$g_{il} \frac{du^i}{ds} + \frac{1}{2}\left(\frac{\partial g_{il}}{\partial x^k} + \frac{\partial g_{kl}}{\partial x^i} - \frac{\partial g_{ik}}{\partial x^l} \right) u^i u^k = 0. \tag{3.17}$$

これが測地線の方程式である．あるいは g^{lm} を乗じて縮約すれば

$$\frac{du^m}{ds} + \frac{1}{2} g^{lm} \left(\frac{\partial g_{il}}{\partial x^k} + \frac{\partial g_{kl}}{\partial x^i} - \frac{\partial g_{ik}}{\partial x^l} \right) u^i u^k = 0.$$

ここで3個の添え字をつけた **Christoffel**(クリストッフェル)の三指数記号

$$\Gamma^i{}_{kl} = \frac{1}{2} g^{im} \left(\frac{\partial g_{mk}}{\partial x^l} + \frac{\partial g_{ml}}{\partial x^k} - \frac{\partial g_{kl}}{\partial x^m} \right) \tag{3.18}$$

$(\Gamma^i{}_{kl}=\Gamma^i{}_{lk})$ を使えば，測地線の方程式として

$$\frac{du^i}{ds}+\Gamma^i{}_{kl}u^k u^l=0 \tag{3.19}$$

すなわち

$$\frac{d^2x^i}{ds^2}+\Gamma^i{}_{kl}\frac{dx^k}{ds}\frac{dx^l}{ds}=0 \tag{3.19a}$$

を得る．なお Christoffel の記号がテンソルではないことに注意しておこう．

例1　再び Euclid 平面内の極座標 (r,φ) を採用し，

$$ds^2=dr^2+r^2d\varphi^2$$

を取り扱う．(r,φ) を (x^1,x^2) に選び

$$g_{11}=1,\ \ g_{22}=r^2,\ \ g_{12}=0,$$

$$g^{11}=1,\ \ g^{22}=r^{-2},\ \ g^{12}=0$$

にもとづいて Christoffel の記号を計算すれば

$$\Gamma^1{}_{22}=-r,\quad \Gamma^2{}_{12}=1/r,\quad \Gamma^1{}_{11}=\Gamma^2{}_{22}=\Gamma^2{}_{11}=\Gamma^1{}_{12}=0.$$

測地線の方程式は

$$\frac{d^2r}{ds^2}-r\left(\frac{d\varphi}{ds}\right)^2=0, \tag{i}$$

$$\frac{d^2\varphi}{ds^2}+\frac{2}{r}\frac{dr}{ds}\frac{d\varphi}{ds}=0. \tag{ii}$$

(ii) より

$$\frac{d}{ds}\left(r^2\frac{d\varphi}{ds}\right)=0.$$

これから次式が得られる：

$$r^2\frac{d\varphi}{ds}=\text{一定}(=r_0\ \text{とおく}). \tag{iia}$$

一方 (i) については，その代りに計量の表式

$$\left(\frac{dr}{ds}\right)^2+r^2\left(\frac{d\varphi}{ds}\right)^2=1 \tag{iii}$$

を用いることができる．このことは (iii) を微分したものが

$$(\mathrm{i})\times\frac{dr}{ds}+(\mathrm{ii})\times r^2\frac{d\varphi}{ds}=0$$

に一致することからもわかる．(iia) と (iii) とより ds を消去すれば

$$\left(\frac{d}{d\varphi}\frac{1}{r}\right)^2+\frac{1}{r^2}=\frac{1}{{r_0}^2}$$

を得る．この方程式の解は，φ_0 を定数として

$$\frac{1}{r}=\frac{\cos(\varphi-\varphi_0)}{r_0}$$

で与えられ，極座標における直線の方程式に一致する(図 3.3)

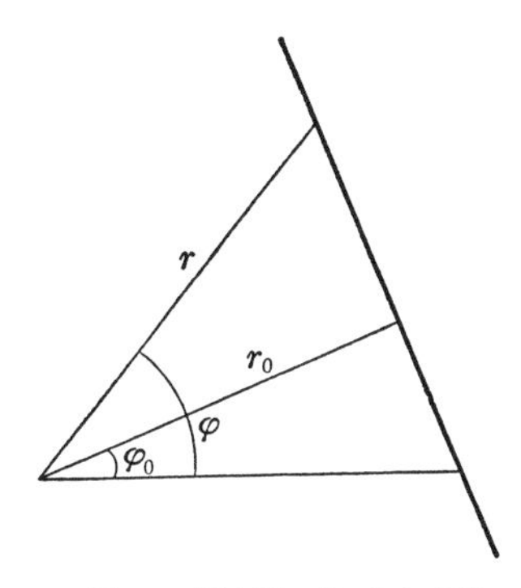

図 3.3 極座標で書かれた直線．
$r\cos(\varphi-\varphi_0)=r_0$.

例 2 上例を一般化して Riemann 計量が

$$ds^2=\mathrm{e}^{\lambda}(dr^2+r^2d\varphi^2)$$

で与えられる場合を考える．ここに

$$\mathrm{e}^{\lambda}=1+2a/r, \qquad a>0$$

とする．まず双曲線

$$\frac{1}{r}=\frac{1}{l}(1+e\cos\varphi), \qquad e>1 \tag{i}$$

が測地線となることを示し，l と e との間の関係を求めよう．φ に関する方程式は

$$\frac{d^2\varphi}{ds^2}+\left(\frac{2}{r}+\lambda'\right)\frac{dr}{ds}\frac{d\varphi}{ds}=0,$$

ここに $\lambda' \equiv d\lambda/dr$. 従って

$$\frac{d}{ds}\left(r^2 e^\lambda \frac{d\varphi}{ds}\right) = 0.$$

これから

$$r^2 e^\lambda \frac{d\varphi}{ds} = 一定\ (=\alpha\ とおく).$$

計量の表式

$$e^\lambda \left(\frac{dr}{ds}\right)^2 + r^2 e^\lambda \left(\frac{d\varphi}{ds}\right)^2 = 1$$

との間に ds を消去して,

$$\left(\frac{d}{d\varphi}\frac{1}{r}\right)^2 + \frac{1}{r^2} = \frac{1}{\alpha^2} e^\lambda = \frac{1}{\alpha^2}\left(1 + \frac{2a}{r}\right).$$

ここで双曲線の解(i)を予想して方程式に代入すれば

$$\frac{1+e^2}{l^2} + \frac{2e}{l^2}\cos\varphi = \frac{1}{\alpha^2}\left(1 + \frac{2a}{l} + \frac{2a}{l} e\cos\varphi\right).$$

これが成り立つためには

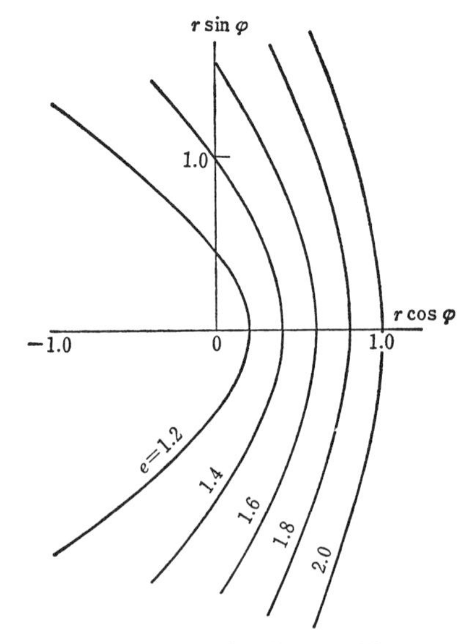

図 3.4　双曲線が測地線となる例.

$$\frac{1+e^2}{l^2}=\frac{1}{\alpha^2}\left(1+\frac{2a}{l}\right),\quad \frac{1}{l^2}=\frac{a}{\alpha^2 l}.$$

α^2 を消去して

$$l=a(e^2-1)$$

を得る．$a=1$ にとって，図 3.4 にこれらの双曲線を描く．（この例題の宇宙への応用が§5.4 問題にある．）

§3.4　測地座標系

(x,y,z) を直交座標とする 3 次元 Euclid 空間の中に一つの放物面

$$z=\frac{x^2}{2\rho_1}+\frac{y^2}{2\rho_2}$$

を考える．ρ_1 と ρ_2 は原点における主曲率半径にほかならない．これから得られる

$$dz=\frac{xdx}{\rho_1}+\frac{ydy}{\rho_2},$$

$$dz^2=\frac{x^2}{\rho_1{}^2}dx^2+\frac{y^2}{\rho_2{}^2}dy^2+2\frac{xy}{\rho_1\rho_2}dxdy$$

を用いて

$$ds^2=dx^2+dy^2+dz^2$$

を作れば

$$ds^2=\left(1+\frac{x^2}{\rho_1{}^2}\right)dx^2+\left(1+\frac{y^2}{\rho_2{}^2}\right)dy^2+2\frac{xy}{\rho_1\rho_2}dxdy.$$

従って (x,y) をこの Riemann 多様体の座標 (x^1,x^2) と見れば

$$ds^2=g_{ik}dx^i dx^k$$

の計量テンソルの成分は

$$g_{11}=1+\frac{x^2}{\rho_1{}^2},\quad g_{22}=1+\frac{y^2}{\rho_2{}^2},\quad g_{12}=\frac{xy}{\rho_1\rho_2}$$

である．

この計量テンソルが原点で

$$\frac{\partial g_{ik}}{\partial x}=0,\quad \frac{\partial g_{ik}}{\partial y}=0$$

を満すことに注目しよう．いいかえれば，原点で

$$\Gamma^i{}_{kl}=0$$

が満されている．このことは曲線 $x=0$ と曲線 $y=0$ とが何れもこの放物面の測地線であることに関連がある．一般に，一点Pで $\Gamma^i{}_{kl}=0$ を満す座標系を点Pを中心とする **測地座標系**(geodesic coordinate system) という．

Christoffel 記号 $\Gamma^i{}_{kl}$ はテンソルではない．何となれば，もしテンソルであれば，ある座標系で全成分が零となることからテンソルとして零となる結果を生ずるからである．実際 $\Gamma^i{}_{kl}$ の変換の公式は，次に示すように，テンソルの変換とは異なる．

まず，変換

$$g_{kl}=g'_{bc}\frac{\partial x'^b}{\partial x^k}\frac{\partial x'^c}{\partial x^l}$$

の両辺を x^m で微分すれば

$$\frac{\partial g_{kl}}{\partial x^m}=\frac{\partial g'_{bc}}{\partial x'^d}\frac{\partial x'^b}{\partial x^k}\frac{\partial x'^c}{\partial x^l}\frac{\partial x'^d}{\partial x^m}$$
$$+g'_{bc}\frac{\partial^2 x'^b}{\partial x^k\partial x^m}\frac{\partial x'^c}{\partial x^l}+g'_{bc}\frac{\partial x'^b}{\partial x^k}\frac{\partial^2 x'^c}{\partial x^l\partial x^m}.$$

$\boldsymbol{k}, \boldsymbol{l}, \boldsymbol{m}$ を順に入れかえて得られる2式の和から上式を差引き，2で割れば

$$\frac{1}{2}\left(\frac{\partial g_{lm}}{\partial x^k}+\frac{\partial g_{mk}}{\partial x^l}-\frac{\partial g_{kl}}{\partial x^m}\right)$$
$$=\frac{1}{2}\left(\frac{\partial g'_{cd}}{\partial x'^b}+\frac{\partial g'_{db}}{\partial x'^c}-\frac{\partial g'_{bc}}{\partial x'^d}\right)\frac{\partial x'^b}{\partial x^k}\frac{\partial x'^c}{\partial x^l}\frac{\partial x'^d}{\partial x^m}$$
$$+g'_{bc}\frac{\partial x'^b}{\partial x^m}\frac{\partial^2 x'^c}{\partial x^k\partial x^l}.$$

この式と

$$g^{am}\frac{\partial x'^i}{\partial x^a}=g'^{ai}\frac{\partial x^m}{\partial x'^a}$$

とを辺々乗じて移項すれば

$$\frac{\partial^2 x'^i}{\partial x^k \partial x^l} = \Gamma^a{}_{kl}\frac{\partial x'^i}{\partial x^a} - \Gamma'^i{}_{bc}\frac{\partial x'^b}{\partial x^k}\frac{\partial x'^c}{\partial x^l} \tag{3.20}$$

の公式が得られる．

測地座標系は実際つぎのようにして作ることができる．原点を中心とするものを考えることにして，$x^i=0$ における $\Gamma^i{}_{kl}$ の値を$(\Gamma^i{}_{kl})_0$ とおく．この点の近くで，座標変換

$$x'^i = x^i + \frac{1}{2}(\Gamma^i{}_{kl})_0 x^k x^l$$

を作る．そうすれば原点で

$$\left(\frac{\partial x'^i}{\partial x^k}\right)_0 = \delta^i{}_k,\quad \left(\frac{\partial^2 x'^i}{\partial x^k \partial x^l}\right)_0 = (\Gamma^i{}_{kl})_0$$

となり，従って(3.20)から $\Gamma'^i{}_{kl}$ が原点ですべて零になることがわかる．

§3.5 共変微分

一つのベクトル場 $A^i(x^1, \cdots, x^n)$ を考える．位置 x^i における値を A^i とおき，x^i+dx^i における値を A^i+dA^i とおく：

$$dA^i = \frac{\partial A^i}{\partial x^l}dx^l. \tag{3.21}$$

A^i と A^i+dA^i とは異なる位置におけるベクトルであるから，その差 dA^i は一般にベクトルではない．いいかえれば，係数 $\partial A^i/\partial x^l$ は一般にテンソルにはならない．

いま x^i におけるベクトル A^i を x^i+dx^i まで“平行移動”したものを $A^i+\delta A^i$ とおく．そうすれば $(A^i+dA^i)-(A^i+\delta A^i)$ すなわち $dA^i-\delta A^i$ は同じ点における2個のベクトルの差であるから，それ自身ベクトルとなる．いいかえれば

$$dA^i - \delta A^i = A^i{}_{;l}dx^l \tag{3.22}$$

と置くとき，その両辺がベクトル，従って $A^i{}_{;l}$ がテンソルとなる．右辺を**共変微分**と呼ぶ．

δA^i はベクトル A^i と変位 dx^i との両方に比例するはずであるから

$$\delta A^i = -\tilde{\Gamma}^i{}_{kl} A^k dx^l \qquad (3.23)$$

と置くことができる．ここに座標の関数 $\tilde{\Gamma}^i{}_{kl}$ が Christoffel の記号に一致することは次のようにして示される．

測地線の式(3.19)：

$$\frac{du^i}{ds} + \Gamma^i{}_{kl} u^k u^l = 0$$

は

$$du^i = -\Gamma^i{}_{kl} u^k dx^l$$

と書き変えられる．ここに $u^i = dx^i/ds$ は接線方向の単位ベクトルである．測地線上の接線ベクトルは，x^i から $x^i + dx^i$ へと移動するさい，u^i から $u^i - \Gamma^i{}_{kl} u^k dx^l$ へと変化することをこの式は表わしている．一方，"測地線に沿って接線ベクトルは平行に移動する" ことが成り立つように平行移動を定義しておけば，

$$\delta u^i = -\Gamma^i{}_{kl} u^k dx^l$$

であり，これを(3.23)と比べて $\tilde{\Gamma}^i{}_{kl} = \Gamma^i{}_{kl}$ を得る．

結局

$$\delta A^i = -\Gamma^i{}_{kl} A^k dx^l, \qquad (3.24)$$

ここに

$$\Gamma^i{}_{kl} = \frac{1}{2} g^{im} \left(\frac{\partial g_{mk}}{\partial x^l} + \frac{\partial g_{ml}}{\partial x^k} - \frac{\partial g_{kl}}{\partial x^m} \right).$$

(3.21), (3.22), (3.24)から，共変微分の係数は

$$A^i{}_{;l} = \frac{\partial A^i}{\partial x^l} + \Gamma^i{}_{kl} A^k \qquad (3.25)$$

の形に表わされる．これを**共変微分商**または**共変導テンソル** (covariant derivative) という．

スカラー Φ については，その共変微分商は通常の導関数 $\partial\Phi/\partial x^i$ にほかならない．このことは，スカラーは "平行移動" で値を変えない ($\delta\Phi = 0$) というのと同じである．

共変ベクトル A_i については，(3.24)に対応する関係式は

$$\delta A_i = \Gamma^k{}_{il} A_k dx^l \tag{3.26}$$

である．このことは次のようにしてわかる．A_i と B^i とを任意の共変ベクトルと反変ベクトルとする．$\delta(A_i B^i)=0$ から

$$B^i \delta A_i = -A_k \delta B^k = \Gamma^k{}_{il} B^i A_k dx^l$$

であり，B^i は任意であるから，これから(3.26)が得られる．

従って共変ベクトル A_i の共変導テンソルは次式で与えられる

$$A_{i:l} = \frac{\partial A_i}{\partial x^l} - \Gamma^k{}_{il} A_k. \tag{3.27}$$

なお，積の共変導テンソルについては，通常の微分法と同様に，たとえば

$$(A_i B_k)_{:l} = A_{i:l} B_k + A_i B_{k:l}$$

が成り立つことがわかる．

2階テンソルについては次の公式が成り立つ：

$$A^{ik}{}_{:l} = \frac{\partial A^{ik}}{\partial x^l} + \Gamma^i{}_{ml} A^{mk} + \Gamma^k{}_{ml} A^{im},$$

$$A^i{}_{k:l} = \frac{\partial A^i{}_k}{\partial x^l} - \Gamma^m{}_{kl} A^i{}_m + \Gamma^i{}_{ml} A^m{}_k,$$

$$A_{ik:l} = \frac{\partial A_{ik}}{\partial x^l} - \Gamma^m{}_{il} A_{mk} - \Gamma^m{}_{kl} A_{im}.$$

第1式を証明するには，任意のベクトル B_i, C_k で作ったスカラー $A^{ik} B_i C_k$ の共変微分商が通常の偏微分係数に等しいことを利用すればよい．さらに高階のテンソルについても同様である．

特に計量テンソル g_{ik} については，つぎの重要な性質がある：

$$g_{ik:l} = 0. \tag{3.28}$$

これを証明するには

$$g_{ik:l} = \frac{\partial g_{ik}}{\partial x^l} - g_{mk} \Gamma^m{}_{il} - g_{im} \Gamma^m{}_{kl}$$

に Christoffel 記号の表式を代入すればよい．あるいは $g_{ik:l}$ がテンソルであることと，測地座標系で零になることを組合せて，これが零テンソルであることがわかる．

問題　公式(3.20)を用いて

$$\frac{\partial A^i}{\partial x^l}+\Gamma^i{}_{kl}A^k$$

が2階の混合テンソルであることを示せ.

解

$$A'^i=\frac{\partial x'^i}{\partial x^k}A^k,$$

$$\frac{\partial A'^i}{\partial x'^l}=\frac{\partial^2 x'^i}{\partial x^m\partial x^k}\frac{\partial x^m}{\partial x'^l}A^k+\frac{\partial x'^i}{\partial x^k}\frac{\partial x^m}{\partial x'^l}\frac{\partial A^k}{\partial x^m}.$$

右辺第1項に公式を代入し整理すれば

$$\frac{\partial A'^i}{\partial x'^l}+\Gamma'^i{}_{al}A'^a=\frac{\partial x'^i}{\partial x^k}\frac{\partial x^m}{\partial x'^l}\left[\frac{\partial A^k}{\partial x^m}+\Gamma^k{}_{am}A^a\right]$$

が得られる.

§3.6　曲率テンソル

通常の関数 $f(x,y)$ については，これが2回連続微分可能ならば，2次導関数は微分の順序によらない：

$$\frac{\partial^2 f}{\partial x\partial y}=\frac{\partial^2 f}{\partial y\partial x}.$$

しかし共変導テンソルの場合は，ベクトル A_i について $A_{i;k;l}-A_{i;l;k}$ は一般に0にならないのである．実際，計算を行ってつぎの結果が得られる：

$$A_{i;k;l}-A_{i;l;k}=A_m R^m{}_{ikl}, \tag{3.29}$$

$$R^i{}_{klm}=\frac{\partial \Gamma^i{}_{km}}{\partial x^l}-\frac{\partial \Gamma^i{}_{kl}}{\partial x^m}+\Gamma^i{}_{nl}\Gamma^n{}_{km}-\Gamma^i{}_{nm}\Gamma^n{}_{kl}. \tag{3.30}$$

この $R^i{}_{klm}$ は **Riemann の曲率テンソル** と呼ばれる．明らかに

$$R^i{}_{klm}=-R^i{}_{kml}, \tag{3.31}$$

$$R^i{}_{klm}+R^i{}_{mkl}+R^i{}_{lmk}=0. \tag{3.32}$$

Euclid 空間のような平坦な空間では，適当な座標系で到るところ $\Gamma^i{}_{kl}=0$ にすることが可能で，従ってこの座標系で $R^i{}_{klm}$ は0となる．$R^i{}_{klm}$ がテンソルであることから，この性質は座標系によらない．すなわち，平坦な空間では $R^i{}_{klm}=0$ である.

逆に $R^i{}_{klm}=0$ ならば空間は平坦である．このことを示すために，例えば (x^1, x^2) 面内で一つのベクトル A_i を起点 $(0,0)$ から終点 (dx^1, dx^2) まで平行に移す操作を考える．そして起点から $(dx^1, 0)$ を径て終点に到る場合と，起点から $(0, dx^2)$ を経て終点に到る場合との差を計算しよう．

原点 $(0,0)$ における A_k を $(dx^1, 0)$ へ平行に移せば $A_k+\Gamma^i{}_{k1}A_i dx^1$ となる．ここに $\Gamma^i{}_{kl}$ は原点における値を意味する．これをさらに (dx^1, dx^2) へ平行に移せば，結果は

$$(A_k+\Gamma^i{}_{k1}A_i dx^1)+\left(\Gamma^i{}_{k2}+\frac{\partial\Gamma^i{}_{k2}}{\partial x^1}dx^1\right)(A_i+\Gamma^l{}_{i1}A_l dx^1)dx^2$$

である．一方 $(0, dx^2)$ を経た平行移動の結果も同様に求められ，その差を計算すると

$$R^i{}_{k12}A_i dx^1 dx^2$$

となる．一般に，$R^i{}_{klm}$ の全成分が 0 ならば，ベクトルを一点から他の点に平行に移動させるとき結果が道すじによらない．いいかえれば，$R^i{}_{klm}=0$ ならば空間はこの意味で平坦である．

曲率テンソルの対称性を明らかにするために，共変成分

$$R_{iklm}=g_{in}R^n{}_{klm}$$

を取り扱う．具体的に書き表わすと

$$R_{iklm}=\frac{1}{2}\left(\frac{\partial^2 g_{im}}{\partial x^k\partial x^l}+\frac{\partial^2 g_{kl}}{\partial x^i\partial x^m}-\frac{\partial^2 g_{il}}{\partial x^k\partial x^m}-\frac{\partial^2 g_{km}}{\partial x^i\partial x^l}\right)$$
$$+g_{np}(\Gamma^n{}_{kl}\Gamma^p{}_{im}-\Gamma^n{}_{km}\Gamma^p{}_{il}).$$

これから

$$R_{iklm}=R_{lmik} \tag{3.33}$$

が得られる．

これを(3.31)と組合せて，

$$R_{iklm}=-R_{ikml}=-R_{kilm}. \tag{3.34}$$

また(3.32)より

$$R_{iklm}+R_{imkl}+R_{ilmk}=0 \tag{3.35}$$

が得られる.

このように，R_{iklm} は $i=k$ の成分，$l=m$ の成分は0である．特に2次元の場合は，0でない成分の間に

$$R_{1212} = -R_{1221} = -R_{2112} = R_{2121}$$

が成り立つので，独立な成分は R_{1212} だけとなる.

4階の曲率テンソルを縮約することより，2階のテンソルを作ることができる：

$$R_{ik} = g^{lm} R_{limk} = R^{l}{}_{ilk}. \tag{3.36}$$

R_{ik} は明らかに対称テンソルである：

$$R_{ik} = R_{ki}. \tag{3.37}$$

具体的な表式は(3.30)より

$$R_{ik} = \frac{\partial \Gamma^{l}{}_{ik}}{\partial x^{l}} - \frac{\partial \Gamma^{l}{}_{il}}{\partial x^{k}} + \Gamma^{l}{}_{ik}\Gamma^{m}{}_{lm} - \Gamma^{m}{}_{il}\Gamma^{l}{}_{km}. \tag{3.38}$$

R_{ik} をさらに縮約すると，スカラーとなる：

$$R = g^{ik} R_{ik}. \tag{3.39}$$

R はスカラー曲率(scalar curvature)と呼ばれる.

問題 任意のベクトル A_i から

$$F_{ik} = A_{i:k} - A_{k:i}$$

を作る.

$$F_{ik:l} + F_{li:k} + F_{kl:i} = 0$$

をつぎの方法で証明せよ．(i)Christoffel 記号をそのまま用いる．(ii)測地座標系を利用する．(iii)Riemann の曲率テンソルの性質に帰着させる.

解 (i)

$$\begin{aligned} F_{ik:l} + F_{li:k} + F_{kl:i} = & \frac{\partial F_{ik}}{\partial x^{l}} - F_{mk}\Gamma^{m}{}_{il} - F_{im}\Gamma^{m}{}_{kl} \\ & + \frac{\partial F_{li}}{\partial x^{k}} - F_{mi}\Gamma^{m}{}_{lk} - F_{lm}\Gamma^{m}{}_{ik} \\ & + \frac{\partial F_{kl}}{\partial x^{i}} - F_{ml}\Gamma^{m}{}_{ki} - F_{km}\Gamma^{m}{}_{li}. \end{aligned}$$

$F_{ik} = -F_{ki}$, $\Gamma^{i}{}_{kl} = \Gamma^{i}{}_{lk}$ を用いて

$$\text{右辺} = \frac{\partial F_{ik}}{\partial x^l} + \frac{\partial F_{li}}{\partial x^k} + \frac{\partial F_{kl}}{\partial x^i}.$$

この式は

$$F_{ik} = A_{i:k} - A_{k:i} = \frac{\partial A_i}{\partial x^k} - \frac{\partial A_k}{\partial x^i}$$

により0となる．

(ii)　$F_{ik:l} + \cdots$ はテンソルである．

$$F_{ik} = \frac{\partial A_i}{\partial x^k} - \frac{\partial A_k}{\partial x^i}$$

を考慮すれば測地座標系で0であるから，零テンソルである．

(iii)　$(A_{i:k} - A_{k:i})_{:l} + \cdots = A_m(R^m{}_{ikl} + R^m{}_{lik} + R^m{}_{kli}) = 0.$

§3.7　2次元の場合

2次元 Riemann 空間の曲率テンソルとしては，すでに述べたように，唯一の独立な成分として R_{1212} を採ることができる．2階のテンソル

$$R_{ik} = g^{lm} R_{limk}$$

を作ると，

$$R_{11} = g^{22} R_{1212},\quad R_{22} = g^{11} R_{1212},\quad R_{12} = -g^{12} R_{1212}.$$

これから混合成分

$$R^i{}_k = g^{il} R_{lk}$$

は，たとえば

$$\begin{aligned} R^1{}_1 &= g^{11} R_{11} + g^{12} R_{12} \\ &= [g^{11} g^{22} - (g^{12})^2] R_{1212} \end{aligned}$$

であるが，g^{ik} の行列式は g_{ik} の行列式の逆数であるから，

$$R^1{}_1 = R^2{}_2 = \frac{R_{1212}}{g_{11} g_{22} - (g_{12})^2} = \frac{R}{2},$$

さらに

$$R^1{}_2 = R^2{}_1 = 0$$

と求まる．まとめて

$$R^i{}_k - \frac{1}{2} \delta^i{}_k R = 0.$$

2次元空間で0になるこの左辺のテンソルが後に重要な役割を演じることになる．

一般に，2次元 Riemann 多様体の Gauss 曲率 K はこれをスカラー曲率の半分として定義することができる：

$$K = R/2.$$

このことは，§3.4で扱った放物面

$$z = \frac{x^2}{2\rho_1} + \frac{y^2}{2\rho_2}$$

の原点における $R_{1212}/[g_{11}g_{22}-(g_{12})^2]$ の値が $1/\rho_1\rho_2$ に等しいことからわかる．Gauss 曲率はこのように曲面の計量テンソル g_{ik} の場から求められるのである．実際

$$ds^2 = g_{11}dx^1dx^1 + g_{22}dx^2dx^2, \qquad g_{12} = 0$$

のとき，すなわち直交曲線座標では，R_{1212} を計算することによって

$$K = -\frac{1}{\sqrt{g_{11}g_{22}}}\left[\frac{\partial}{\partial x^1}\left(\frac{1}{\sqrt{g_{11}}}\frac{\partial\sqrt{g_{22}}}{\partial x^1}\right) + \frac{\partial}{\partial x^2}\left(\frac{1}{\sqrt{g_{22}}}\frac{\partial\sqrt{g_{11}}}{\partial x^2}\right)\right]$$

を確めることができる．

例　平面，球面(半径a)，擬球面は“極座標”でそれぞれ

$$ds^2 = dr^2 + r^2d\varphi^2,$$
$$ds^2 = a^2(d\theta^2 + \sin^2\theta d\varphi^2),$$
$$ds^2 = a^2(d\theta^2 + \sinh^2\theta d\varphi^2).$$

で表わされる．ここに $\sinh\theta = (e^\theta - e^{-\theta})/2$．これらの Gauss 曲率はそれぞれ0, $1/a^2$, $-1/a^2$ と計算される．これらはすべて完備な2次元 Riemann 多様体である．

このうち擬球面は3次元 Euclid 空間の曲面として実現することはできない．一般に，つぎの定理が知られている：“3次元 Euclid 空間に埋めこまれた完備な負定曲率曲面は存在しない”．なお，完備という条件をつけなければ，すなわち測地線が中断してもよければ，§1.6の問題2のような例がある．

§3.8　3次元の場合

3次元 Riemann 空間の曲率テンソルの独立な成分として

$$R_{1212},\ R_{2323},\ R_{3131},\ R_{1223},\ R_{2331},\ R_{3112}$$

の6個を採用することができる．他の成分はこれらのどれかと符号を異にするだけか，または0である．

2階の対称テンソル R_{ik} もまた6個の独立な成分を有する．従って，一次関係式 $R_{ik}=g^{lm}R_{limk}$ から，R_{iklm} のすべての成分は R_{ik} と計量テンソル g_{ik} とから表わされるはずである．なお，定まった点において，直交座標を適当に選ぶことにより（すなわちテンソルの主軸と一致させることにより）行列 R_{ik} を対角型にすることができる．この意味で，一点における曲率テンソルは3個の独立な量で決まることになる．

このように，3次元の場合は，2階の曲率テンソルが零であることが平坦であるための必要十分条件となる．もちろん R_{ik} が0でなくてもスカラー曲率 R が零になることはあり得る．

例　Riemann 計量が極座標により

$$ds^2 = \mathrm{e}^{\lambda}dr^2+r^2(d\theta^2+\sin^2\theta d\varphi^2)$$

で与えられる3次元空間を考える．ここに λ は r の関数とする．この球対称空間のスカラー曲率 R が零となるのは e^{λ} がどのようなときかを調べよう．(r,θ,φ) を (x^1,x^2,x^3) に対応させて

$$g_{11}=\frac{1}{g^{11}}=\mathrm{e}^{\lambda},\quad g_{22}=\frac{1}{g^{22}}=r^2,\quad g_{33}=\frac{1}{g^{33}}=r^2\sin^2\theta.$$

Christoffel 記号 $\Gamma^i{}_{kl}=\Gamma^i{}_{lk}$ は，恒等的に零となるものを省き $(\lambda'\equiv d\lambda/dr)$，

$$\Gamma^1{}_{11}=\frac{\lambda'}{2},\quad \Gamma^1{}_{22}=-r\mathrm{e}^{-\lambda},\quad \Gamma^2{}_{12}=\Gamma^3{}_{13}=\frac{1}{r},$$

$$\Gamma^1{}_{33}=-r\sin^2\theta\mathrm{e}^{-\lambda},\quad \Gamma^2{}_{33}=-\sin\theta\cos\theta,\quad \Gamma^3{}_{23}=\cot\theta$$

と計算される．2階の曲率テンソルは，零になる成分を省き，

$$R^1{}_1=\mathrm{e}^{-\lambda}\frac{\lambda'}{r},\quad R^2{}_2=R^3{}_3=\mathrm{e}^{-\lambda}\left[\frac{\lambda'}{2r}-\frac{1}{r^2}\right]+\frac{1}{r^2}.$$

スカラー曲率 $R=R^1{}_1+R^2{}_2+R^3{}_3=0$ より

$$\frac{d}{dr}[r(1-e^{-\lambda})] = 0.$$

これから，a を積分定数として，

$$e^{-\lambda} = 1-\frac{a}{r}$$

を得る．このとき

$$R^1{}_1 = -a/r^3, \quad R^2{}_2 = R^3{}_3 = a/2r^3.$$

(この計量は Schwarzschild の解(5.12)の空間部分にほかならない．)

問題1 4次元 Euclid 空間 (x, y, z, w) の中の3次元放物面

$$w = \frac{x^2}{2\rho_1}+\frac{y^2}{2\rho_2}+\frac{z^2}{2\rho_3}$$

の原点における曲率テンソルの成分を計算せよ．

解 §3.4 と同様にして

$$\begin{aligned} ds^2 &= dx^2+dy^2+dz^2+dw^2 \\ &= \left(1+\frac{x^2}{{\rho_1}^2}\right)dx^2+\left(1+\frac{y^2}{{\rho_2}^2}\right)dy^2+\left(1+\frac{z^2}{{\rho_3}^2}\right)dz^2 \\ &\quad +2\frac{xy}{\rho_1\rho_2}dxdy+2\frac{yz}{\rho_2\rho_3}dydz+2\frac{zx}{\rho_3\rho_1}dzdx. \end{aligned}$$

(x, y, z) を (x^1, x^2, x^3) 座標と見て，原点で計算すれば，

$$R_{1212} = \frac{1}{\rho_1\rho_2}, \quad R_{2323} = \frac{1}{\rho_2\rho_3}, \quad R_{3131} = \frac{1}{\rho_3\rho_1},$$
$$R_{1223} = R_{2331} = R_{3112} = 0$$

が得られる．これから

$$R^1{}_1 = \frac{1}{\rho_1\rho_2}+\frac{1}{\rho_3\rho_1}, \quad R^2{}_2 = \frac{1}{\rho_2\rho_3}+\frac{1}{\rho_1\rho_2}, \quad R^3{}_3 = \frac{1}{\rho_3\rho_1}+\frac{1}{\rho_2\rho_3},$$

さらにスカラー曲率として

$$R = 2\left(\frac{1}{\rho_1\rho_2}+\frac{1}{\rho_2\rho_3}+\frac{1}{\rho_3\rho_1}\right)$$

が求まる．

半径 a の3次元球面

$$x^2+y^2+z^2+(w-a)^2 = a^2$$

は原点付近で

$$w = (x^2+y^2+z^2)/2a+\cdots$$

と展開される．これから，上例で$\rho_1=\rho_2=\rho_3=a$とおき，スカラー曲率が$6/a^2$に等しいことがわかる．

問題2　3次元擬球面

$$ds^2 = d\chi^2+\sinh^2\chi(d\theta^2+\sin^2\theta d\varphi^2)$$

につき，(χ, θ, φ)を(x^1, x^2, x^3)座標と見て，曲率テンソルの成分とスカラー曲率とを求めよ．

解　$g_{11}=1$，$g_{22}=\sinh^2\chi$，$g_{33}=\sinh^2\chi\sin^2\theta$より

$$\Gamma^1{}_{22} = -\sinh\chi\cosh\chi,\ \ \Gamma^1{}_{33} = -\sinh\chi\cosh\chi\sin^2\theta,\ \ \Gamma^2{}_{33} = -\sin\theta\cos\theta,$$

$$\Gamma^2{}_{12} = \Gamma^3{}_{13} = \frac{\cosh\chi}{\sinh\chi},\ \ \Gamma^3{}_{23} = \frac{\cos\theta}{\sin\theta}.$$

これから

$$R_{1212} = -\sinh^2\chi,\ \ R_{1313} = -\sinh^2\chi\sin^2\theta,\ \ R_{2323} = -\sinh^4\chi\sin^2\theta,$$

$$R_{1223} = R_{2331} = R_{3112} = 0.$$

さらに$R^1{}_1=R^2{}_2=R^3{}_3=-2$より$R=-6$.

§3.9　Bianchiの恒等式

曲率テンソルの共変導テンソルの間に成り立つ次の関係式を**Bianchi**(ビアンキ)**の恒等式**という：

$$R^n{}_{ikl;m}+R^n{}_{imk;l}+R^n{}_{ilm;k} = 0. \tag{3.40}$$

これを証明するには，このテンソル式が測地座標系で成り立つことを示せばよい．この座標系では

$$R^n{}_{ikl;m} = \frac{\partial\Gamma^n{}_{il}}{\partial x^m\partial x^k}-\frac{\partial\Gamma^n{}_{ik}}{\partial x^m\partial x^l}$$

であるから，成立は明らかである．

(3.40)に$g^{ik}\delta^l{}_n$を乗じ，第1項が

$$g^{ik}R^l{}_{ikl;m} = -g^{ik}R_{ik;m} = -\frac{\partial R}{\partial x^m}$$

となり，第2項が

$$g^{ik}R^l{}_{imk;l} = R^l{}_{m;l}$$

となることを考慮して，

$$\left(R^k{}_i - \frac{1}{2}\delta^k{}_i R\right)_{;k} = 0 \tag{3.41}$$

が得られる．この恒等式は，テンソル $R^k{}_i - \frac{1}{2}\delta^k{}_i R$ の“発散”が零であることを意味し，一般相対論で重要な役割を演じる．

第4章　時間空間の世界

§4.1　古典力学からの準備

Planck（プランク）定数は角運動量の素量であるが，Planck 自身はこれを作用量子と呼んでいた．**作用**（action）とは角運動量，すなわち運動量×長さ，またはエネルギー×時間，の次元をもつ物理量である．

質点の運動の法則を言い表わす一つの形式として，**最小作用の原理**（principle of least action）がある．1個の質点が，時間 $t=t_1$ のとき位置 $\boldsymbol{r}=\boldsymbol{r}_1$ にあり，$t=t_2$ のとき $\boldsymbol{r}=\boldsymbol{r}_2$ に来るとする．このとき質点の実際の運動はこの始状態と終状態とを結ぶ道すじのうち作用が最小になるものという原理である．

作用 S は

$$S=\int_{t_1}^{t_2} L(\boldsymbol{r},\boldsymbol{v},t)dt \tag{4.1}$$

で定義される．ここに L は質点の位置 $\boldsymbol{r}$ と，速度 $\boldsymbol{v}=d\boldsymbol{r}/dt$ と，時間 t との関数であって，**Lagrange**（ラグランジュ）**関数**と呼ばれ，エネルギーの次元をもつ量である．上に述べたように，

$$t=t_1 \quad のとき \quad \boldsymbol{r}=\boldsymbol{r}_1,$$

$$t=t_2 \quad のとき \quad \boldsymbol{r}=\boldsymbol{r}_2$$

を固定する条件で，作用 S が局所的に最小になるような経路が実際の運動に対応するという考え方である．これは測地線が局所的に最短な曲線であることに対応しており，§3.3で見た数理的取扱いと似たやり方で，

$$\delta S=\delta\int_{t_1}^{t_2}L(\boldsymbol{r},\boldsymbol{v},t)dt=0 \tag{4.2}$$

から運動方程式を導くことができる．まずこのことを実行しよう．

作用 S を最小にする経路を $\boldsymbol{r}=\boldsymbol{r}(t)$ とおく．$\boldsymbol{r}(t)$ をこれに近い $\boldsymbol{r}(t)+\delta\boldsymbol{r}(t)$ でおき変えても $\delta\boldsymbol{r}$ の1乗の範囲では S が変らない．ただし $(t_1,\boldsymbol{r}_1)$ と $(t_2,\boldsymbol{r}_2)$ とは固定されているから

$$\delta\boldsymbol{r}(t_1)=\delta\boldsymbol{r}(t_2)=0 \tag{4.3}$$

なる条件がついている．(4.2) から，$\boldsymbol{v}=d\boldsymbol{r}/dt$ を考慮して

$$\int_{t_1}^{t_2}\left[\frac{\partial L}{\partial\boldsymbol{r}}\cdot\delta\boldsymbol{r}+\frac{\partial L}{\partial\boldsymbol{v}}\cdot\frac{d\delta\boldsymbol{r}}{dt}\right]dt=0$$

が得られる．ここに，$\boldsymbol{r}$ の成分を x,y,z として

$$\frac{\partial L}{\partial\boldsymbol{r}}\cdot\delta\boldsymbol{r}=\frac{\partial L}{\partial x}\delta x+\frac{\partial L}{\partial y}\delta y+\frac{\partial L}{\partial z}\delta z$$

を意味し，$\partial L/\partial\boldsymbol{v}$ も同様である．部分積分をおこない，積分の上限と下限で $\delta\boldsymbol{r}=0$ であることを使えば

$$\int_{t_1}^{t_2}\left(\frac{\partial L}{\partial\boldsymbol{r}}-\frac{d}{dt}\frac{\partial L}{\partial\boldsymbol{v}}\right)\cdot\delta\boldsymbol{r}dt=0.$$

任意の“変分” $\delta\boldsymbol{r}$ でこの等式が成り立つためには

$$\frac{d}{dt}\frac{\partial L}{\partial\boldsymbol{v}}-\frac{\partial L}{\partial\boldsymbol{r}}=0 \tag{4.4}$$

でなければならない．これを **Lagrange** の運動方程式という．

Lagrange 関数 L が $\boldsymbol{r}$ を含まないとき，いいかえれば均質な空間を運動する場合には，(4.4) は

$$\frac{d}{dt}\frac{\partial L}{\partial\boldsymbol{v}}=0$$

となる．均質な空間を運動する質点にとって保存される量は運動量にほかならない．このことと，$\partial L/\partial\boldsymbol{v}$ が運動量の次元をもつことが考慮されて，一般に質点の運動量 $\boldsymbol{p}$ は

$$\boldsymbol{p}=\frac{\partial L}{\partial\boldsymbol{v}} \tag{4.5}$$

で定義される.

次に，Lagrange関数が t を陽に含まず $L=L(\boldsymbol{r},\boldsymbol{v})$ となる場合には

$$\frac{dL}{dt}=\frac{\partial L}{\partial \boldsymbol{r}}\cdot\boldsymbol{v}+\frac{\partial L}{\partial \boldsymbol{v}}\cdot\frac{d\boldsymbol{v}}{dt}$$

である．これに(4.4)を代入して

$$\begin{aligned}\frac{dL}{dt}&=\boldsymbol{v}\cdot\frac{d}{dt}\frac{\partial L}{\partial \boldsymbol{v}}+\frac{\partial L}{\partial \boldsymbol{v}}\cdot\frac{d\boldsymbol{v}}{dt}\\&=\frac{d}{dt}\left(\boldsymbol{v}\cdot\frac{\partial L}{\partial \boldsymbol{v}}\right).\end{aligned}$$

従って

$$\frac{d}{dt}\left(\boldsymbol{v}\cdot\frac{\partial L}{\partial \boldsymbol{v}}-L\right)=0,$$

あるいは(4.5)を代入して

$$\frac{d}{dt}(\boldsymbol{p}\cdot\boldsymbol{v}-L)=0$$

を得る．時間的に一様な空間を運動する質点にとって，保存される量は質点のエネルギーにほかならない．これらのことが考慮されて，一般に質点のエネルギー E は

$$E=\boldsymbol{p}\cdot\boldsymbol{v}-L \tag{4.6}$$

で定義される.

質量 m をもつ質点の速度が光の速さに比べて十分小さいうちは，L として運動エネルギー $mv^2/2$ と位置エネルギー $U(\boldsymbol{r})$ との差

$$L=\frac{1}{2}mv^2-U(\boldsymbol{r}) \tag{4.7}$$

を採用すればよい．そうすれば運動方程式(4.4)が

$$\frac{d}{dt}(m\boldsymbol{v})=-\frac{\partial U}{\partial \boldsymbol{r}}$$

となって質量×加速度=力の関係と一致し，運動量 $\boldsymbol{p}$ とエネルギー E とは，

$$\boldsymbol{p}=m\boldsymbol{v},\quad E=\frac{1}{2}mv^2+U \tag{4.8}$$

となって古典力学の結果と一致する.

最小作用の原理とそれから導かれるLagrangeの運動方程式とは，直交座標と限らずたとえば極座標を用いて質点の運動を解析する目的に適している．その重要な例として惑星の運動を取り上げよう.

問題 位置$\boldsymbol{r}$の直交成分をx, y, zとする．Lagrange関数がxとyとを含まずまた時間tによらない場合にどのような量が保存されるか？

解 $\boldsymbol{v}$のx, y, z成分をv_x, v_y, v_zとおく．(4.4)より

$$\frac{d}{dt}\frac{\partial L}{\partial v_x}=0,\quad \frac{d}{dt}\frac{\partial L}{\partial v_y}=0.$$

従って運動量$\boldsymbol{p}=\partial L/\partial \boldsymbol{v}$の$x$成分と$y$成分とがエネルギーとともに，この場合の保存量である.

§4.2 惑星の運動

太陽をまわる惑星の軌道は，太陽を焦点の一つとする楕円であるが，金星，地球，木星，土星については，この楕円は円にかなり近い．さらに，これらの惑星の軌道面は，地球の軌道面に対してほとんど傾いていない.

火星や木星のように地球の軌道の外側をまわる惑星を**外惑星**という．地球から見て，一つの惑星が太陽とちょうど反対の向きに位置するときを，その惑星の**衝**といい，太陽とちょうど同じ向きに位置するときを**合**という．明るく照らされた惑星が真夜中に南中するような時期は衝の頃である．この頃，惑星は地球に最も近い.

水星や金星のように地球の軌道の内側をまわる惑星を**内惑星**という．地球から太陽を見る方向と内惑星を見る方向とが合致するときが合である．このうち，惑星が太陽より内側に位置するときを**内合**，外側に位置するときを**外合**という(図4.1)．内惑星は内合の頃地球に最も近い.

金星について言えば，内合の後に太陽から天空上で西むきに離れ，**最大離角**47°に達する．この頃が暁の明星である．金星はこのあと天空上で太陽に近づき，外合を経て，こんどは東方に最大離角47°まで離れる．この頃が宵の明星にほかならない.

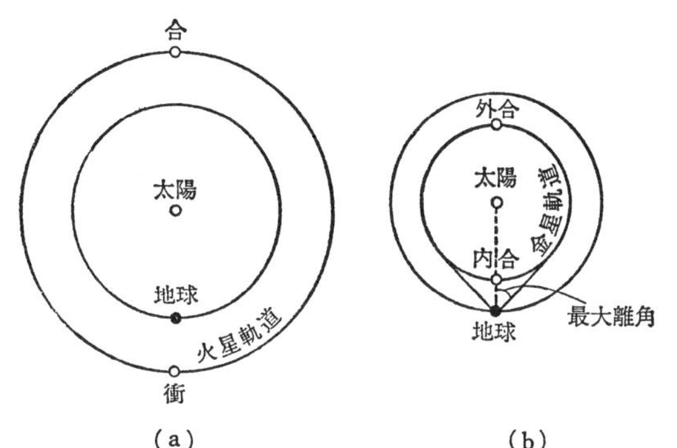

図 4.1　(a)外惑星の一つ火星の衝と合．(b)内惑星の一つ金星の内合と最大離角．

この最大離角の値から，金星と地球との軌道半径の比が sin 47° すなわち 0.73 であることがわかる．なお，太陽からの平均距離の比の精密な値は 0.7233 である．

地球の公転の周期は，1 年すなわち 365.24 日である．金星の公転の周期はどのようにして求められるだろうか？

金星の内合からつぎの内合までの周期は 583.9 日である．この観測値を用い，

$$\frac{1}{583.9}=\frac{1}{x}-\frac{1}{365.24}$$

を解いて

$$x=224.7\ 日$$

が得られるが，この値が金星の公転周期にほかならない．

金星の公転周期と地球の公転周期との比は 0.6152 である．この数値と，上に記した平均距離の比 0.7233 とから，つぎの関係が得られる：

$$\frac{0.7233^3}{0.6152^2}=1.000$$

他の惑星についても同じ関係があることがわかっている．いいかえれば，“太陽からの平均距離の 3 乗と，公転周期の 2 乗との比は，惑星によらず一定である．”

内合のときの金星までの距離を三角測量で決めれば，地球や金星などの軌道半径がすべてわかる．最近ではレーダー装置を利用することによって，波長の短い電波の往復時間から金星までの距離が精密に測定されるようになった．こうして，地球から太陽までの平均距離は

$$1.496\times 10^8\,\mathrm{km}$$

と求められる．すなわちほぼ1億5千万キロメートルである．太陽から出る光が地球に達するまで500秒かかることになる．なお，この距離を1**天文単位**と呼ぶ.

惑星の運動について，“軌道が太陽を焦点の一つとする楕円である”ことと，“太陽からの平均距離の3乗と，公転周期の2乗との比が惑星によらず一定である”ことを，面積速度一定と合せて，Keplerの法則という.

Isaac Newton (1643–1727)は，Keplerの法則が成り立つためには，太陽と惑星との間にどのような力がはたらいていればよいかを研究し，**万有引力の法則**を発見した．この法則はつぎのようなものである：どんな物体の間にも，それらの質量の積に比例し，その間の距離の2乗に反比例する引力がはたらく．これを太陽と惑星の間にあてはめれば，

$$\text{引力の強さ} = G\frac{(\text{太陽の質量})(\text{惑星の質量})}{(\text{距離})^2}$$

となる．ここにGは**万有引力定数**と呼ばれる.

太陽と一惑星との間の位置エネルギーは，従って

$$\text{位置エネルギー} = -G\frac{(\text{太陽の質量})(\text{惑星の質量})}{\text{距離}}$$

で与えられる．太陽の質量が惑星の質量に比べて極めて大きいことを考慮してこの量を$\phi\times$(惑星の質量)と置いたとき，ϕは**Newtonポテンシャル**と呼ばれる．$\phi(<0)$は場所の関数で，単位質量あたりの位置エネルギーにほかならない.

さて，前節のLagrange運動方程式によってKeplerの法則を導いておこう．惑星の質量は運動に関係しないから，これを1にとることができる．軌道面を座標面に選び，太陽の位置を原点にとり，平面極座標(r,φ)を用いる．dr/dt

と $d\varphi/dt$ とをそれぞれ $\dot{r}$ と $\dot{\varphi}$ とで表わせば，運動エネルギーは $(\dot{r}^2+r^2\dot{\varphi}^2)/2$ であり，位置エネルギーすなわち Newton ポテンシャルは $-A/r$ の形をとる．ここに A は万有引力定数と太陽の質量との積である．従って Lagrange 関数 L は

$$L(r,\varphi,\dot{r},\dot{\varphi})=\frac{1}{2}(\dot{r}^2+r^2\dot{\varphi}^2)+\frac{A}{r}$$

であり，運動方程式は(4.4)に対応して

$$\frac{d}{dt}\frac{\partial L}{\partial \dot{r}}-\frac{\partial L}{\partial r}=0,\quad \frac{d}{dt}\frac{\partial L}{\partial \dot{\varphi}}-\frac{\partial L}{\partial \varphi}=0$$

である．この方程式を具体的に書けば

$$\left.\begin{aligned}&\frac{d^2r}{dt^2}-r\left(\frac{d\varphi}{dt}\right)^2+\frac{A}{r^2}=0,\\&\frac{d}{dt}\left(r^2\frac{d\varphi}{dt}\right)=0.\end{aligned}\right\}$$

第2式より

$$r^2\frac{d\varphi}{dt}=\text{一定}\quad(=\alpha\text{ とおく}).$$

ここに α は面積速度の2倍に等しい．第1式の代りに，エネルギー E が保存される性質

$$\frac{1}{2}\left[\left(\frac{dr}{dt}\right)^2+r^2\left(\frac{d\varphi}{dt}\right)^2\right]-\frac{A}{r}=E$$

を使うことができる．これら2式から dt を消去して

$$\frac{\alpha^2}{2}\left[\left(\frac{d}{d\varphi}\frac{1}{r}\right)^2+\frac{1}{r^2}\right]-\frac{A}{r}=E$$

を得る．

この微分方程式の解が原点を焦点の一つとする円錐曲線

$$\frac{1}{r}=\frac{1}{l}(1+e\cos\varphi)\tag{4.9}$$

の形に求められることを予想して，これを代入すれば

$$\frac{\alpha^2}{2}\frac{1+e^2+2e\cos\varphi}{l^2}-\frac{A(1+e\cos\varphi)}{l}=E.$$

この関係式が恒等的に成り立つための条件として，

$$\frac{\alpha^2}{2}\frac{1+e^2}{l^2}-\frac{A}{l}=E,\quad \frac{\alpha^2}{l^2}-\frac{A}{l}=0$$

であればよい．あるいは

$$\alpha^2=Al,\quad A(e^2-1)=2lE. \tag{4.10}$$

(4.9)で e は**離心率** (eccentricity) と呼ばれる．$e<1$ は楕円，$e=1$ は放物線，$e>1$ は双曲線を表わし，それぞれエネルギーの範囲 $E<0, E=0$, $E>0$ に対応する．なお $2l$ を**通径** (latus rectum) という．

Kepler の法則は楕円軌道に関するものであるから，以下 $e<1$ の場合を考える．準備として，この楕円の長軸 $2a$ と短軸 $2b$ とを l と e とで表わしておきたい．長軸は

$$2a=\frac{l}{1+e}+\frac{l}{1-e}=\frac{2l}{1-e^2}$$

であるから，

$$a=l/(1-e^2). \tag{4.11}$$

太陽からの平均距離とはこの a で定義される長さである．なお，両焦点の間の長さは $2ae$ に等しい．一般に，楕円とは，両焦点からの距離の和が一定である点の軌跡である．今の場合，この一定値が $2a$ にほかならない．短軸の長さの半分 b は，ピタゴラスの定理を図4.2にあてはめた

$$\sqrt{(ae)^2+b^2}=a$$

から

$$b=a\sqrt{1-e^2} \tag{4.12}$$

と定まる．

惑星の運動の周期 T は楕円軌道の面積 πab を面積速度 $\alpha/2$ で割った商に等しい：

$$T=\frac{2\pi ab}{\alpha}=\frac{2\pi a^2\sqrt{1-e^2}}{\sqrt{Al}}=\frac{2\pi a^{3/2}}{\sqrt{A}}.$$

ここで(4.10)，(4.11)，(4.12)を用いた．これから

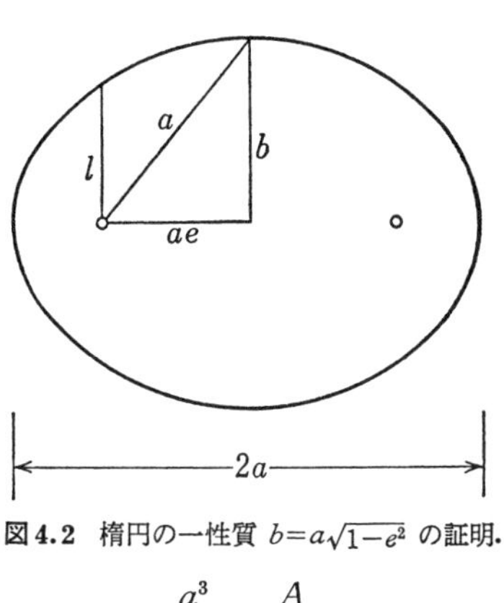

図 4.2　楕円の一性質 $b=a\sqrt{1-e^2}$ の証明.

$$\frac{a^3}{T^2}=\frac{A}{4\pi^2},$$

すなわち，各惑星について

$$\frac{(\text{太陽からの平均距離})^3}{(\text{公転周期})^2}=\frac{G}{4\pi^2}(\text{太陽の質量})$$

となる．したがって，もし G の値が知れれば，これから太陽の質量がわかることになる．

万有引力定数 G の値は，天体の観測からはわからない．しかし，実験室の中で，たとえば二つの鉛の球の間にはたらく万有引力を精密に測定することによって，これを求めることができるのである．

月は地球からの距離 38 万 km のところを 27 日で一周する．太陽と惑星との関係を，地球とこの衛星との関係にあてはめることによって，地球の質量がわかる．それによると地球の質量は，太陽の質量の 33 万分の 1 である．

水星や金星のように，衛星をもたない惑星の質量を知ることは，人工衛星をまわすことを別とすれば，容易でない．惑星間の引力をも取り入れた複雑な計算と，惑星の運動に関するきわめて精密な観測とを組み合わせることによって初めて可能となる．

§4.3　光の速さ

いつの世にも光は最も速い信号として使われる．二つの場所の間に糸を張り，その一端を引いて信号を送るような場合，信号は糸に沿って弾性波の速さで伝わるが，この速さも光の速さよりはるかに小さい．

どこかで星が爆発し，そのさい宇宙線のような高速粒子が出て地球へ飛んで来る場合，この粒子の速度が光の速度に近いことはあり得るが，これを越えることはない．したがって，この場合にも爆発の際に出る光が最も速い信号になる．

光の速さは種々の方法で測定される．真空中での光の速さ c は波長によらず一定で，その値は

$$c = 2.9979 \times 10^8\,\mathrm{m/s}$$

すなわち毎秒30万キロメートルである．地球の表面上で赤道から極までの距離が1万キロメートルであるから，光は1秒間に地球を7周半する計算になる．

真空中の光の速さのこの値は，光の進む方向によらず，一定である．地球は30 km/sの速さで太陽のまわりを公転している．しかし公転速度の向きに伝わる光の速さと，逆の向きに伝わる光の速さとの間に全く相違がないことが知られている(A. A. Michelson と E. W. Morley の実験，1887)．さらに，太陽系全体が銀河系の中で運動しているが，この運動も光の速さに影響しない．

このように光の速さは真空中で一定の値をとり，観測者の運動によらない．しかしここで“観測者の運動”の意味を一層明確にしておく必要がある．

物体の運動は，時間・空間の“世界”において，物体の位置を時刻の関数として表わすことによって記述される．いいかえれば時間・空間を一緒にした一つの座標系に準拠して記述される．このような座標系は直交座標系とか極座標系とかいう区別ではないので，通常単に系(system または system of reference)と呼ばれる．**慣性系**(inertial system)とは，力を受けずに，すなわち自由に，運動する物体が等速直線運動をするような系をいう．一つの慣性系に対して一定の速度で運動する系はやはり慣性系である．

真空中の光の速さが観測者の運動によらないとは，どの慣性系において測定しても同じ結果を得るという意味である．

実は，真空中の光の速さだけでなく，自然のすべての基本的法則(たとえば

真空中の電磁場の基礎方程式)がどの慣性系についても同一であるという原理は確かなものとされている.

“光より速く信号を送ることはできない”ことと,“どの慣性系によってもすべての自然法則は同一である”こととを一緒にして **Einstein** (アインシュタイン)の**相対性原理**(1905)という.

事象 (event)という語がある.これこれの時刻に,これこれの位置で,これこれの事象が起るというふうに使われる.一つの慣性系において,時刻 t_0 に (x_0, y_0, z_0) から出た光が時刻 t に (x, y, z) へ到達するという2事象を考える.この2点の距離は $c(t-t_0)$ に等しい.従ってこの二つの事象の座標間には次の関係がある:

$$c^2(t-t_0)^2-(x-x_0)^2-(y-y_0)^2-(z-z_0)^2 = 0.$$

別の慣性系において,同じ2事象を次のように言い表わす:時刻 t_0' に (x_0', y_0', z_0') から出た光が時刻 t' に (x', y', z') へ到達する.この系でも光の速さは同じ c であるから

$$c^2(t'-t_0')^2-(x'-x_0')^2-(y'-y_0')^2-(z'-z_0')^2 = 0$$

が成り立つ.

いま一般性を失うことなく,両慣性系の時間空間座標の原点が一致するように選ばれていれば,そこから出た光については,これらの等式は

$$\left.\begin{aligned} c^2t^2-x^2-y^2-z^2 &= 0, \\ c^2t'^2-x'^2-y'^2-z'^2 &= 0 \end{aligned}\right\} \tag{4.13}$$

となる.

特に簡単な場合に着目し,両慣性系の x 軸と x' 軸とが重なり,慣性系 (x', y', z') は慣性系 (x, y, z) に対し速度 v で x 方向に運動しているとしよう.古典力学の常識から言えば,

$$x' = x-vt,\ \ t' = t$$

と考えてよさそうである.しかし,もしそう考えると,x 方向に進む光について(4.13)は両立しない.

(4.13)を両立させるために,

$$x' = \gamma(x - vt),\quad t' = \gamma'(t - \alpha x)$$

とおき

$$c^2 t'^2 - x'^2 = c^2 t^2 - x^2 \tag{4.14}$$

に代入して，v に依存する3個の関数 γ, γ', α を決めれば

$$x' = \frac{x - vt}{\sqrt{1 - v^2/c^2}},\quad t' = \frac{t - (v/c^2)x}{\sqrt{1 - v^2/c^2}} \tag{4.15}$$

を得る．これから $x' = x - vt$, $t' = t$ は $v \ll c$ の極限でのみ成り立つことがわかる．

光がどの慣性系においても一定の速さ c で伝わることを(4.15)について確かめておこう．$t=0$ のとき原点を出て x 軸の正の向きに伝わる光の位置は

$$x = ct$$

で与えられる．これを(4.15)に入れると

$$x' = \frac{(c - v)t}{\sqrt{1 - v^2/c^2}},\quad t' = \frac{(1 - v/c)t}{\sqrt{1 - v^2/c^2}}$$

であるから，

$$x' = ct'.$$

すなわち慣性系 (t', x') でも x' 軸の正の向きに c の速さで伝わることが確められた．

(4.15)の逆変換は，係数内の v を $-v$ でおきかえたもの

$$x = \frac{x' + vt'}{\sqrt{1 - v^2/c^2}},\quad t = \frac{t' + (v/c^2)x'}{\sqrt{1 - v^2/c^2}}$$

であって，相対性原理にかなっている．

慣性系 (t, x) に対して速度 v で x 方向に運動する慣性系において，さらに同じ方向へ速度 v' で運動する物体があるとき，これをもとの系から見るとどんな速度になるかを調べておこう．上記の逆変換から

$$\frac{x}{t} = \frac{x' + vt'}{t' + (v/c^2)x'}.$$

これに $x' = v't'$ を入れれば，同じ方向の速度 v と v' との合成値として

$$\frac{x}{t} = \frac{v+v'}{1+vv'/c^2} \tag{4.16}$$

を得る．v と v' とが c より小さいとき，この合成値も c より小さい．このことは

$$1+\frac{vv'}{c^2}-\frac{v+v'}{c} = \left(1-\frac{v}{c}\right)\left(1-\frac{v'}{c}\right) > 0$$

からわかる．この結果もまた“光より速く信号を送ることはできない”という原理に矛盾しない．

y 軸と y' 軸とを平行に選ぶとき，$y'=y$, $z'=z$ を(4.15)に付け加えたものは**Lorentz**(ローレンツ)**変換**と呼ばれる．たしかに，一慣性系にある等速直線運動は他の慣性系においても等速直線運動になっている．

一般の Lorentz 変換は $c^2t^2-x^2-y^2-z^2$ を不変とする (t, x, y, z) の線形同次変換として定義される．この変換は 4×4=16 個の成分から成る行列で表わされる．この 16 個は，相対速度 $\boldsymbol{v}$ の 3 成分と，(x, y, z) 座標軸に対する (x', y', z') 座標軸の方向を定める 3 個の角と

$$c^2t'^2-x'^2-y'^2-z'^2 = c^2t^2-x^2-y^2+z^2$$

が与える 10 個の条件とから決まる．ここに 10 個の条件とは，変換式を左辺に入れた結果を

$$\begin{aligned} &a_{00}c^2t^2+a_{11}x^2+a_{22}y^2+a_{33}z^2 \\ &\quad +a_{01}ctx+a_{02}cty+a_{03}ctz \\ &\quad +a_{12}xy+a_{13}xz+a_{23}yz \end{aligned}$$

の形に整理したとき

$$a_{00} = 1,\ a_{11} = -1,\ a_{22} = -1,\ a_{33} = -1,$$
$$\text{その他の係数} = 0$$

の 10 個を言う．

さて，t_1, x_1, y_1, z_1 および t_2, x_2, y_2, z_2 を任意の二つの事象の時空座標とするとき，不変量

$$c^2(t_2-t_1)^2-(x_2-x_1)^2-(y_2-y_1)^2-(z_2-z_1)^2$$

をこれら事象間の**2乗間隔**(squared interval)と名づける．二つの事象が無限に接近している場合の2乗間隔ds^2は，一慣性系において

$$ds^2 = c^2dt^2 - dx^2 - dy^2 - dz^2 \tag{4.17}$$

で与えられる．

一つの慣性系Kから見て，時計が一定速度$\boldsymbol{v}$で運動している場合を考える．この時計に固定されている系もまた慣性系であり，これをK'とおく．慣性系Kにおいて，dt時間に時計が動く距離$\sqrt{dx^2+dy^2+dz^2}$はvdtである．この時間dtに対応する時計の針の進みを$d\tau$とおく．K'では時計は静止しているから$dx'=dy'=dz'=0$である．従って不変量ds^2をKとK'とで書けば

$$ds^2 = c^2dt^2 - dx^2 - dy^2 - dz^2 = c^2d\tau^2$$

であり，これから

$$d\tau = dt\sqrt{1-v^2/c^2} \tag{4.18}$$

が得られる．τを**固有時**(proper time)という．

実験室から見て高速vで粒子が飛んでゆくとき，実験室における時間は，対応する固有時間を$\sqrt{1-v^2/c^2}$で割った商である．

湯川博士によって予言され，宇宙線のなかで見出されたπ中間子は，現在では粒子加速器でつくることができる．この中間子は短い時間に崩壊して他の諸粒子へと変る．一般に，不安定な素粒子は崩壊によって指数関数的に減少し，e^{-1}になるまでの時間を**平均寿命**という．荷電π中間子の平均寿命は2.60×10^{-8}秒である．素粒子表に記されているこのような値は，実は，静止している素粒子にあてはまるものであって，いいかえれば粒子の固有時間で言い表わされた値である．運動するものはこれより寿命が長く，速度vで運動する粒子の平均寿命は表に記されている値を$\sqrt{1-v^2/c^2}$で割った商に等しいことがわかっている．このことは固有時間と，実験室でのこれに対応する時間との関係から理解される．

問題　Lorentz変換(4.15)によって$ct-x$および$ct+x$はどんな変換を受けるか？これらは$c^2t^2-x^2$のような不変量ではない．

解

$$ct'-x' = \sqrt{\frac{c+v}{c-v}}(ct-x),$$

$$ct'+x' = \sqrt{\frac{c-v}{c+v}}(ct+x).$$

§4.4 自由粒子の運動量とエネルギー

測地線が最短曲線であるというとき，長さは$\int ds$のように座標のとり方によらない不変量dsの積分で表わされている．最小作用の原理でも作用は不変量でなければならない．(4.1)がtに関する積分であることから，作用Sは$\int ds$に比例すると考えられる．実際，比例係数は次のようにして求められる．

粒子が速度$\boldsymbol{v}=(dx/dt, dy/dt, dz/dt)$で自由に運動するとき，

$$ds^2 = c^2dt^2-dx^2-dy^2-dz^2$$

から

$$ds = c\sqrt{1-v^2/c^2}\,dt$$

が成り立つ．粒子の質量をmとして，両辺に$-mc$を乗じ

$$-mcds = -mc^2\sqrt{1-v^2/c^2}\,dt$$

を得る．右辺dtの係数は古典力学$v \ll c$の条件で

$$-mc^2+mv^2/2$$

で近似される．すなわち運動に関係しない定数項を問題にしなければ，古典力学における自由粒子のLagrange関数に一致する．

以上により，作用Sと$\int ds$との比例係数は$-mc$と定まる:

$$S = -mc\int_a^b ds. \tag{4.19}$$

ここにaとbとは運動の始状態と終状態とに対応する．それらの時刻をt_1, t_2としたとき

$$S = \int_{t_1}^{t_2} Ldt$$

の表式のLagrange関数は

$$L = -mc^2\sqrt{1-v^2/c^2} \tag{4.20}$$

である.

§4.1の定義(4.5), (4.6)より, 質点の運動量は

$$\boldsymbol{p} = \frac{\partial L}{\partial \boldsymbol{v}} = \frac{m\boldsymbol{v}}{\sqrt{1-v^2/c^2}} \tag{4.21}$$

エネルギーは

$$E = \boldsymbol{p}\cdot\boldsymbol{v} - L = \frac{mc^2}{\sqrt{1-v^2/c^2}} \tag{4.22}$$

と計算される.

静止している粒子に一定の力がはたらくと, その粒子は運動し始める. すなわち運動量は0から次第に増える. ある時間だけ経過したときの運動量は, 力とこの時間との積に等しい. 古典力学では, 運動量は粒子の質量と速度との積であるから, 一定の力を十分長くはたらかせると速度の大きさが光の速さ c を越えることになり相対性原理に反する. 実際には, 強力な粒子加速装置で粒子を加速すると運動量はどんどん大きくなるが, 速さは c に近づくだけでこれを越えることはない. (4.21)はこの事実を正しく表わしている.

運動量については, 速度が小さい場合には古典力学と相対論による力学との間に著しい違いはない. しかしエネルギーについては根本的な違いが見られる. v^2/c^2 が小さい場合に成り立つ近似式

$$E \doteqdot mc^2 + mv^2/2$$

の右辺第2項が古典力学における運動エネルギーにほかならない. 第1項はつぎのことを意味する：静止している粒子はその質量に c^2 を乗じた量のエネルギーを有する. Einsteinのこの関係は原子核の反応で実証されている. 質量2.0141の重陽子(重水素の核)が2個反応して質量4.0026のヘリウム核が生成されるとき, 反応前の質量と反応後の質量との差に c^2 を乗じた量のエネルギーが放出されるのである.

運動量 $\boldsymbol{p}$ の表式とエネルギー E の表式とから

$$\boldsymbol{p} = E\boldsymbol{v}/c^2 \tag{4.23}$$

が得られる．光子のように質量0の粒子が速さ c で動く場合にも，上式で $v=c$ と置いた

$$p = E/c \tag{4.24}$$

が成り立つことを注意しておく．

さて，

$$ds^2=c^2dt^2-dx^2-dy^2-dz^2$$

の関係は，

$$(x^0, x^1, x^2, x^3) = (ct, x, y, z) \tag{4.25}$$

と置くことにより

$$ds^2 = (dx^0)^2-(dx^1)^2-(dx^2)^2-(dx^3)^2$$

と書かれる．あるいは計量テンソル

$$(g_{ik}) = \begin{pmatrix} 1 & 0 & 0 & 0 \\ 0 & -1 & 0 & 0 \\ 0 & 0 & -1 & 0 \\ 0 & 0 & 0 & -1 \end{pmatrix} \tag{4.26}$$

を定義して

$$ds^2 = g_{ik}dx^i dx^k. \tag{4.27}$$

ここで“4次元速度”（の反変成分）を

$$u^i = \frac{dx^i}{ds} \tag{4.28}$$

で定義すれば，この量は単位ベクトルである：

$$g_{ik}u^i u^k = 1. \tag{4.29}$$

一方

$$ds = cdt\sqrt{1-v^2/c^2}$$

であるから，

$$u^0 = \frac{cdt}{ds} = \frac{1}{\sqrt{1-v^2/c^2}},$$

$$u^1 = \frac{dx^1}{ds} = \frac{dx}{cdt\sqrt{1-v^2/c^2}} = \frac{v_x}{c\sqrt{1-v^2/c^2}},$$

従って4次元速度の時間・空間成分は

$$u^i = \left(\frac{1}{\sqrt{1-v^2/c^2}},\ \frac{\boldsymbol{v}}{c\sqrt{1-v^2/c^2}} \right). \tag{4.30}$$

“4次元運動量”は

$$p^i = mcu^i \tag{4.31}$$

で定義され，

$$p^i = (E/c, \boldsymbol{p}) \tag{4.32}$$

で与えられる．このように自由粒子の運動量はエネルギーと組んで時間・空間の世界における一つのベクトルを形成する．$g_{ik}u^iu^k=1$によって

$$m^2c^2 = (E/c)^2 - p^2,$$

あるいは

$$E = c\sqrt{m^2c^2+p^2} \tag{4.33}$$

が成り立つ．この関係式は(4.21)と(4.22)から$\boldsymbol{v}$を消去することによっても直接得られる．

問題　古典力学では，自由粒子のエネルギー

$$E = \frac{1}{2}mv^2 = \frac{1}{2m}p^2$$

を運動量の大きさpで微分すると

$$\frac{dE}{dp} = \frac{p}{m} = v$$

となる．相対論的な表式(4.33)からも同じように$dE/dp=v$が得られることを示せ．

解

$$\frac{dE}{dp} = \frac{cp}{\sqrt{m^2c^2+p^2}}.$$

右辺に$p=mv/\sqrt{1-v^2/c^2}$を代入すれば，vとなる．

§4.5　気体の圧力

通常の流体では，圧力Pはエネルギー密度εに比べて極めて小さい．何となればエネルギー密度は物質密度にc^2を乗じた積にほとんど等しいからである．

しかし，温度が極端に高い気体——たとえば膨張宇宙の初期——では P と ε とは同程度の大きさになることが次のようにして理解できる．

気体の圧力は，容器の壁の単位面に突き当る分子が単位時間にこの面に及ぼす力積の総和に等しい．まず通常の温度の気体について，分子の質量を m，単位体積中の分子の数を n とおく．壁に垂直に壁に向って x 軸をとろう．さしあたって，すべての気体分子が同じ大きさの速度で x 軸に平行に運動していたとし，その半数の速度を v_x，残り半数の速度を $-v_x$ とする．壁の単位面に負の側から単位時間に突き当る分子の数は $(1/2)nv_x$ である．この分子は衝突後 $-v_x$ の速度で離れるから運動量の変化は $2mv_x$，従って壁の単位面に及ぼす力積の総和は

$$2mv_x \times \frac{1}{2}nv_x = nmv_x^2$$

である．実際は mv_x^2 の代りにその平均値——これを $\langle mv_x^2 \rangle$ で表わす——を用いればよいから，圧力は

$$P = n\langle mv_x^2 \rangle$$

で与えられる．なお，気体が等方的であるとして，

$$\langle v_x^2 \rangle = \langle v_y^2 \rangle = \langle v_z^2 \rangle = \frac{1}{3}\langle v^2 \rangle$$

であるから，通常の温度の気体について

$$P = \frac{1}{3}n\langle mv^2 \rangle$$

の表式が得られる．

気体の温度が極端に高い場合にも成り立つように一般化するには相対論的な運動量を用いればよい：

$$P = \frac{1}{3}n\left\langle \frac{mv^2}{\sqrt{1-v^2/c^2}} \right\rangle.$$

一方，エネルギー密度は

$$\varepsilon = n\left\langle \frac{mc^2}{\sqrt{1-v^2/c^2}} \right\rangle$$

である．従って

$$3P < \varepsilon \tag{4.34}$$

の関係がつねに成り立つことがわかる．高温の極限では

$$3P = \varepsilon \tag{4.35}$$

であるが，この極限は分子の質量 m によらないから，光子ガス(すなわち輻射場)にもあてはまる：光子ガスの圧力はそのエネルギー密度の 1/3 に等しい．

§4.6 時空の計量テンソル

地表から決まった方向に定まった速度で投げ上げられた物体は，その物体の質量によらない運動をする．いいかえれば物体にはたらく力はその質量に比例する．一方，電車など乗りものが急カーブを走るとき，中の人はその質量に比例する力——遠心力——を受ける．

第1の例で物体にはたらく重力と，第2の例で物体にはたらく慣性力は，いずれも力が質量に比例するということで相似た性質をもっている．このことは，地球の外側を“自由に”回る宇宙船の中でこれら2種の力がいわば相殺して無重力状態が実現されることからもわかる．

遠心力は慣性系に対して回転する座標系に現われ，一般に慣性力は慣性系に対して加速度運動をする座標系に現われる．慣性系からこのような非慣性系への座標変換によって，不変量 ds^2 の表式は，

$$ds^2 = c^2dt^2 - dx^2 - dy^2 - dz^2$$

から一般に

$$ds^2 = g_{ik}dx^i dx^k, \quad g_{ik} = g_{ki} \tag{4.36}$$

へと変わる．ここに上下にそろう指標 i, k については，0, 1, 2, 3 にわたって和をとることに約束する。g_{ik} は時間座標 x^0 と空間座標 x^1, x^2, x^3 の関数であり，**時空の計量テンソル**と呼ばれる．慣性系では，時間座標 x^0 として ct を選び，空間座標 (x^1, x^2, x^3) として直交座標 (x, y, z) を選ぶならば，

$$g_{00} = 1, \quad g_{11} = g_{22} = g_{33} = -1, \quad g_{ik} = 0 \qquad (i \neq k) \tag{4.37}$$

である．慣性系に対して加速度運動をする系で現われる慣性力は，単位質量に

はたらく力として，時空の計量テンソル g_{ik} に帰着するのである．いいかえれば，g_{ik} という幾何学的性質に帰着するのである．

重力，すなわち万有引力，の場も同様でその有様は時空の計量テンソル g_{ik} という幾何学的性質として表わされる．この考えにもとづく理論が Einstein によって打ち立てられた一般相対性理論，すなわち**一般相対論**(general theory of relativity)である．

ここで次のことが問題となる．慣性力を反映する g_{ik} と物質の周囲にできる重力を表わす g_{ik} とでは，どのような相違があるのだろうか？　慣性力を反映する計量テンソルは，(4.37)の形から単なる座標変換によって生じたものである．従って，逆変換によって(4.37)の形に戻すことが可能である．これに反して，重力の場を表わす計量テンソルは，座標変換によってこれを慣性系における形に変えることはできない．

このことは，平坦な Riemann 多様体と曲率をもつ Riemann 多様体との相違に似ている．この意味で，"重力が存在する時空には曲率があり，重力の存在しない時空は平坦である" と言うことができる．

前章で扱った Riemann 多様体の計量テンソル g_{ik} の性質として，$g_{ik}dx^idx^k$ が正の定符号形式であり，特に g_{ik} が作る行列式はつねに正であった．これに反して時空の計量テンソルでは，$g_{ik}dx^idx^k$ はこのような定符号形式ではない．ただ基本的な性質として，g_{ik} の作る行列式 g の符号はつねに負である：

$$g<0. \tag{4.38}$$

慣性系の中で，一様に回転している座標を例にとってみよう．慣性系において，円柱座標 (r, φ, z) を選べば

$$ds^2 = c^2dt^2-dr^2-r^2d\varphi^2-dz^2$$

である．この系を z 軸のまわりに一定の角速度 Ω で回転する系に変えるには，φ を $\varphi+\Omega t$ でおきかえればよい．結果はつぎのようになる．

$$ds^2 = (c^2-\Omega^2r^2)dt^2-2\Omega r^2dtd\varphi-r^2d\varphi^2-dr^2-dz^2. \tag{4.39}$$

(ct, r, φ, z) を (x^0, x^1, x^2, x^3) に対応させて，g_{ik} のつくる行列式 g を計算すれば，

$$g=\begin{vmatrix}1-\Omega^2r^2/c^2 & -\Omega r^2/c\\ -\Omega r^2/c & -r^2\end{vmatrix}=-r^2$$

であるから，$r=0$ の軸上を除いて，確かに $g<0$ となっている．一方，時間成分 g_{00} については，これが正であるとは必ずしも言えないことがこの例からもわかる．

行列式 g の符号が異なるにもかかわらず，Riemann 多様体について前章に得た諸公式はそのまま時空世界にあてはまる．行列式 g の平方根を含む表式では，$\sqrt{g}$ を $\sqrt{-g}$ でおきかえることになろうが，そのような表式を避けて来たからである．

時空の計量テンソルが特別な形をとる場合が重要であろう．g_{ik} のすべての成分が時間座標 x^0 を含まないとき，**時間について一定の場**という．この座標系でさらに，時間空間にまたがる成分 $g_{0\alpha}(\alpha=1,2,3)$ がすべて 0 であるとき，いいかえれば dx^0 を $-dx^0$ で置き変える操作で $ds^2=g_{ik}dx^idx^k$ が変らないとき，これを**静的な場**という．

§4.7　重力場での質点の運動

力を受けない質点の運動は，作用

$$S=-mc\int_a^b ds \tag{4.40}$$

が最小値をとるという原理で記述される．ここに m は質点の質量である．この形は重力の場で自由に運動する質点についてもあてはまる．重力は ds を dx^i で表わすさいの計量テンソルに含まれるからである．

前章で知ったように，$\int ds$ が極値をとるという変分原理から測地線の式(3.19 a)すなわち

$$\frac{d^2x^i}{ds^2}+\Gamma^i{}_{kl}\frac{dx^k}{ds}\frac{dx^l}{ds}=0 \tag{4.41}$$

が導かれる．これが質点の運動を表わす微分方程式にほかならない．左辺第1項は加速度をあらわすから，第2項の符号を変えた量が単位質量あたりの重力

(および慣性力)に対応することになる.

平坦な時空の計量テンソルを(4.37)の形に選ぶとき，弱い重力の場では，これから僅かに異なる形で g_{ik} が表わされるであろう.

たとえば1個の星があってそのまわりの重力が弱いとする．このとき重力の場は Newton ポテンシャル $\phi=\phi(\boldsymbol{r})$ で記述されることを知っている．ϕ は負の値をとる関数であって，無限遠で0となり，単位質量の物体にはたらく重力は $-\mathrm{grad}\,\phi$ すなわち $-\partial\phi/\partial\boldsymbol{r}$ である.

弱い重力のもとで運動する物体について，その速度を v とすれば，初め $v^2\ll c^2$ である限り，つねにこの関係が成り立つ．従って，重力が弱いことと $v^2\ll c^2$ とは相容れる2条件である．$v^2\ll c^2$ の条件のもとでは，物体の運動に沿って，$dx^2+dy^2+dz^2$ は c^2dt^2 に比べて小さい．従って弱い重力の影響は g_{00} にまず現われる．実際 $|\phi|\ll c^2$ のとき

$$g_{00} = 1+2\phi/c^2 \tag{4.42}$$

を次のようにして導くことができる.

Lagrange 関数 L は(4.7)すなわち $mv^2/2-m\phi$ で与えられるが，場の無いとき(4.20)の近似形 $-mc^2+mv^2/2$ に一致させるため，これに $-mc^2$ を加えて

$$L = -mc^2+\frac{1}{2}mv^2-m\phi(\boldsymbol{r}) \tag{4.43}$$

となる．従って作用 S は

$$S = \int L dt = -mc\int\left(c-\frac{v^2}{2c}+\frac{\phi}{c}\right)dt$$

である．(4.40)と比べて

$$ds = \left(c-\frac{v^2}{2c}+\frac{\phi}{c}\right)dt. \tag{4.44}$$

これから小さい量の2乗を無視して

$$ds^2 = (c^2+2\phi)dt^2-v^2dt^2 \tag{4.45}$$

が得られる．この表式は，$v^2dt^2=dx^2+dy^2+dz^2$ を考慮して，(4.42)にほかならない.

弱い重力場において，光の速さに比べて十分小さい速さで運動する質点に運

動方程式(4.41)あるいは

$$\frac{du^i}{ds}+\Gamma^i{}_{kl}u^k u^l=0,\quad u^i=\frac{dx^i}{ds} \tag{4.46}$$

をあてはめてみよう．Christoffel 記号(3.18)，

$$\Gamma^i{}_{kl}=\frac{1}{2}g^{im}\left(\frac{\partial g_{mk}}{\partial x^l}+\frac{\partial g_{ml}}{\partial x^k}-\frac{\partial g_{kl}}{\partial x^m}\right),$$

のうち残さなければならないものは g_{00} に依存する

$$\Gamma^\alpha{}_{00}=\Gamma^0{}_{0\alpha}=\Gamma^0{}_{\alpha 0}=\frac{1}{2}\frac{\partial g_{00}}{\partial x^\alpha}=\frac{1}{c^2}\frac{\partial \phi}{\partial x^\alpha}\qquad(\alpha=1,2,3) \tag{4.47}$$

だけである．

まず空間成分に着目すれば

$$\frac{du^\alpha}{ds}+\Gamma^\alpha{}_{00}u^0u^0=0.$$

u^0 が1に近いことと，$\Gamma^\alpha{}_{00}$ の形とを用いて，これから

$$\frac{du^\alpha}{ds}+\frac{1}{c^2}\frac{\partial\phi}{\partial x^\alpha}=0.$$

あるいは $(u^1,u^2,u^3)\fallingdotseq \boldsymbol{v}/c$，$ds\fallingdotseq cdt$ を考慮し，

$$\frac{d\boldsymbol{v}}{dt}=-\frac{\partial\phi}{\partial\boldsymbol{r}},$$

すなわち重力場における Newton の運動方程式が得られる．

つぎに時間成分 $(i=0)$ に着目すれば，

$$\frac{du^0}{ds}+2\sum_{\alpha=1}^{3}\Gamma^0{}_{0\alpha}u^0u^\alpha=0.$$

第2項では $u^0=1$ としてよいから

$$\frac{du^0}{ds}+\sum_{\alpha=1}^{3}\frac{\partial g_{00}}{\partial x^\alpha}\frac{dx^\alpha}{ds}=0$$

を得る．第2項は軌道に沿って g_{00} が変化する“速さ” dg_{00}/ds を表わしているから，結局，この式は質点の運動に沿って u^0+g_{00} が変らないことを意味している．(4.44)からわかる

$$u^0=\frac{cdt}{ds}=1+\frac{v^2}{2c^2}-\frac{\phi}{c^2}$$

と $g_{00}=1+2\phi/c^2$ とから，従って

$$\frac{v^2}{2}+\phi=一定, \tag{4.48}$$

すなわち質点の運動エネルギーと位置エネルギーとの和が一定に保たれるという力学的エネルギー保存の法則が得られる．

問題　(4.39)で与えられる回転系の計量と(4.41)の運動方程式とを組合せて，Newton 力学の近似で遠心力と Coriolis の力とを導け．

解　(ct, r, φ, z) を (x^0, x^1, x^2, x^3) に対応させる．(4.46)の空間成分は次の式で近似される：

$$\frac{du^\alpha}{ds}+\Gamma^\alpha{}_{00}+2\Gamma^\alpha{}_{0\beta}u^\beta=0.$$

$\Gamma^\alpha{}_{0\beta}$ 等の計算に必要な時空の計量テンソルの反変成分 g^{ik} としては，その第1近似値

$$g^{00}=1,\ \ g^{11}=-1,\ \ g^{22}=-1/r^2,\ \ g^{33}=-1,\ \ その他=0$$

で十分である．$\alpha=1$ に対して上式より

$$\frac{d^2r}{dt^2}=\Omega^2r+2\Omega r\frac{d\varphi}{dt}, \tag{i}$$

$\alpha=2$ に対して

$$r\frac{d^2\varphi}{dt^2}=-2\Omega\frac{dr}{dt}. \tag{ii}$$

を得る．(i)の右辺第1項は単位質量あたりの遠心力を表わし，同第2項と(ii)の右辺は Coriolis の力にほかならない．

§4.8　流体のエネルギー運動量テンソル

天体を構成するようなスケールの大きい流体を考え，その固有のエネルギー密度を ε とし，圧力を P とする．固有とは，流体に対して静止している系においてという意味である．粘性は無視できよう．

いま，このような流体が運動しているとき，各部の4次元速度 u^i を用いて，一つの反変テンソルの場

$$T^{ik}=(\varepsilon+P)u^iu^k-Pg^{ik} \tag{4.49}$$

を定義する．あるいは，混合成分で書けば

$$T^i{}_k = (\varepsilon + P) u^i u_k - P \delta^i{}_k. \tag{4.49a}$$

このテンソル$T^i{}_k$を縮約して得られるスカラー$T = T^i{}_i$については

$$T = T^i{}_i = (\varepsilon + P) u^i u_i - 4P = \varepsilon - 3P$$

が成り立つ．一方，§4.5で調べたように，圧力Pとエネルギー密度との間に

$$\varepsilon - 3P \geqq 0$$

の関係がある．従って$T^i{}_i \geqq 0$．ここに等号が成立するのは，光子ガスの場合，および気体の温度の高い極限の状態においてである．

一般に，流体のエネルギー保存則や運動方程式は，適当に選ばれたエネルギー運動量テンソルの4次元発散が零になるという表式で与えられる．上に定義したテンソルT^{ik}がこの役割を果すことを予想して

$$T^{ik}{}_{;k} = 0 \tag{4.50}$$

すなわち

$$\frac{\partial T^{ik}}{\partial x^k} + \Gamma^i{}_{mk} T^{mk} + \Gamma^k{}_{mk} T^{im} = 0$$

とおく．重力は共変微分をとるさいに自然に考慮されている．

この関係を確かめる為に，流体が光の速さcに比べて十分小さい速度$\boldsymbol{v}$で弱い重力場の中を運動する場合を取り扱う．このさい，エネルギー密度εの代りに物質密度$\rho = \varepsilon / c^2$を用い，通常の物質で成り立つ$P \ll \rho c^2$の性質を用いる．なおこの近似のもとで

$$T^{ik} = \begin{bmatrix} \rho c^2 & \rho c v_x & \rho c v_y & \rho c v_z \\ \rho c v_x & \rho {v_x}^2 + P & \rho v_x v_y & \rho v_x v_z \\ \rho c v_y & \rho v_x v_y & \rho {v_y}^2 + P & \rho v_y v_z \\ \rho c v_z & \rho v_x v_z & \rho v_y v_z & \rho {v_z}^2 + P \end{bmatrix} \tag{4.51}$$

である．

(4.50)の時間成分$(i=0)$からは

$$\frac{\partial \rho}{\partial t} + \frac{\partial}{\partial \boldsymbol{r}} \cdot (\rho \boldsymbol{v}) = 0, \tag{4.52}$$

すなわち**連続の式**といわれる物質の保存則が得られる．

また空間成分たとえばx成分からは

$$\frac{\partial T^{10}}{\partial x^0}+\sum_{\alpha=1}^{3}\frac{\partial T^{1\alpha}}{\partial x^\alpha}+\Gamma^1{}_{00}T^{00}=0$$

を計算することにより，

$$\frac{\partial(\rho v_x)}{\partial t}+\frac{\partial}{\partial x}(\rho v_x{}^2+P)+\frac{\partial}{\partial y}(\rho v_y v_x)+\frac{\partial}{\partial z}(\rho v_z v_x)+\rho\frac{\partial\phi}{\partial x}=0$$

が得られ，y 成分と z 成分とをまとめて

$$\frac{\partial(\rho \boldsymbol{v})}{\partial t}+\frac{\partial}{\partial \boldsymbol{r}}\cdot(\rho\boldsymbol{v}\boldsymbol{v})+\frac{\partial P}{\partial \boldsymbol{r}}+\rho\frac{\partial\phi}{\partial \boldsymbol{r}}=0 \tag{4.53}$$

となる．ϕ は Newton ポテンシャルである．この方程式は，連続の式を用いて変形すれば，よく知られた **Euler** (オイラー)**の運動方程式**

$$\frac{\partial \boldsymbol{v}}{\partial t}+\left(\boldsymbol{v}\cdot\frac{\partial}{\partial \boldsymbol{r}}\right)\boldsymbol{v}+\frac{1}{\rho}\frac{\partial P}{\partial \boldsymbol{r}}+\frac{\partial\phi}{\partial \boldsymbol{r}}=0 \tag{4.54}$$

に一致する．

第5章　一般相対論と天文学

§5.1　重力場の方程式

§4.6で述べたように，重力が存在する時空には曲率があり，重力の存在しない時空は平坦である．ところで，重力場を生じる源は物質(あるいは一般にエネルギー)であるから，時空の曲率テンソルと物質分布との間に密接な関係があるはずである．太陽を例にとると，"太陽の内部で曲率が生成され，その曲率が周囲の空間に尾を引く"と言ってよかろう．

時空の曲率は4階の Riemann 曲率テンソル $R^{i}{}_{klm}$ で与えられる．この4階のテンソルから縮約によって2階のテンソル R_{ik} が作られ，この対称テンソルについて，恒等式(3.41)

$$\left(R^{k}{}_{i}-\frac{1}{2}\delta^{k}{}_{i}R\right)_{;k}=0 \tag{5.1}$$

が成り立つことを知っている．ここ R はスカラー曲率 $R^{i}{}_{i}$ である．

一方，物質分布はエネルギー運動量テンソル(4.49 a)

$$T^{k}{}_{i}=(\varepsilon+P)u^{k}u_{i}-\delta^{k}{}_{i}P$$

で表わされ，このテンソルについて，保存則(4.50)

$$T^{k}{}_{i;k}=0 \tag{5.2}$$

が成り立つことを知っている．

重力場の方程式は，その発散が零になる $R^{k}{}_{i}-(1/2)\delta^{k}{}_{i}R$ と，やはり発散が零になる $T^{k}{}_{i}$ とを結びつけるものにほかならない：

$$R^k{}_i - \frac{1}{2}\delta^k{}_i R = \kappa T^k{}_i. \tag{5.3}$$

κ は基礎定数であって，万有引力定数との関係はすぐ後でわかる．この式を**Einstein の方程式**という．

(5.3)を縮約すれば，$T^i{}_i$ を T とおいて，

$$-R = \kappa T. \tag{5.4}$$

従って(5.3)は

$$R^k{}_i = \kappa\left(T^k{}_i - \frac{1}{2}\delta^k{}_i T\right) \tag{5.5}$$

と書かれる．エネルギー運動量テンソルが零であるような時空の領域では2階の曲率テンソルも零であり，また逆も正しいことがこれからわかる：

$$R_{ik} = 0 \quad \rightleftarrows \quad T_{ik} = 0.$$

太陽の外部では R_{ik} は零であるが，4階の曲率テンソルはもちろん零でない．

定数 κ と万有引力定数

$$G = 6.67\times 10^{-11}\,\mathrm{Nm^2kg^{-2}}$$
$$= 6.67\times 10^{-8}\,\mathrm{dyn\cdot cm^2g^{-2}}$$

との関係を知るために，弱い重力場に着目しよう．物質分布の運動も緩慢であり，その圧力 P もエネルギー密度に比べて十分小さい条件で，$T^k{}_i$ のうち大きい成分は $T^0{}_0 = \rho c^2$ だけとなる．ここに ρ は物質密度である．

さて，弱い重力場は Newton ポテンシャル $\phi(\boldsymbol{r})$ で特徴づけられる．特に

$$g_{00} = 1 + 2\phi/c^2$$

が近似的に成り立つことを知っている．しかしこのことは，計量テンソルの他の成分が弱い重力場を含まないことを意味するものではない．そこでこころみに $\phi(\boldsymbol{r})$ を導入して

$$ds^2 = \left(1+\frac{2\phi}{c^2}\right)c^2dt^2 - \left(1-\frac{2\phi}{c^2}\right)(dx^2+dy^2+dz^2) \tag{5.6}$$

とおく．(3.38)により R_{00} を計算すると，

$$R_{00} = \sum_{\alpha=1}^{3} \frac{\partial \Gamma^\alpha{}_{00}}{\partial x^\alpha}$$

であり，(4.47)を代入して

$$R^0{}_0 = \frac{1}{c^2}\Delta\phi \tag{5.7}$$

のように，$\psi(\boldsymbol{r})$ を含まない．ここに Δ は **Laplace(ラプラス)の演算子**

$$\Delta \equiv \frac{\partial^2}{\partial x^2}+\frac{\partial^2}{\partial y^2}+\frac{\partial^2}{\partial z^2}$$

である．この関係式と，(5.5)から得られる

$$R^0{}_0 = \frac{1}{2}\kappa\rho c^2 \tag{5.8}$$

とを結びつけて

$$\Delta\phi = \frac{\kappa}{2}\rho c^4 \tag{5.9}$$

が得られる．Newton ポテンシャル ϕ と物質密度 ρ との関係式は

$$\Delta\phi = 4\pi G\rho$$

であるから，見比べて

$$\kappa = 8\pi G/c^4 \tag{5.10}$$

と求められる．

問題　(5.4)により弱い重力場でのスカラー曲率 R は

$$R = -\kappa\rho c^2$$

である．この関係式は，Newton ポテンシャルを ϕ として

$$ds^2 = \left(1+\frac{2\phi}{c^2}\right)c^2dt^2-\left(1-\frac{2\phi}{c^2}\right)(dx^2+dy^2+dz^2),$$

すなわち計量(5.6)で $\psi=\phi$ にとれば満されることを示せ．

解　(5.6)にもとづき，R_{ik} を与える公式(3.38)により，計算すれば，

$$R_{11} = \frac{1}{c^2}\Delta\psi+\frac{1}{c^2}\frac{\partial^2}{\partial x^2}(\psi-\phi),\ 等.$$

これから

$$R = R_0{}^0+R_1{}^1+R_2{}^2+R_3{}^3 = \frac{2}{c^2}(\Delta\phi-2\Delta\psi).$$

$\psi=\phi$ にとれば

$$R = -\frac{2}{c^2}\Delta\phi = -\kappa\rho c^2.$$

§5.2 Schwarzschild の解

太陽はほとんど完全な球形であって，その自転はさほど速くないから，太陽外部の重力場はほとんど完全に球対称で静的であろう．

このような静的球対称な場を考え，空間座標に極座標(r, θ, φ)を採用すれば，不変量ds^2として一般に

$$ds^2 = e^{\nu}c^2dt^2 - e^{\lambda}dr^2 - e^{\mu}r^2(d\theta^2 + \sin^2\theta d\varphi^2)$$

の形を予想することができる．ここにλ, μ, νはrだけの関数である．さらに$e^{\mu}r^2$を改めてr^2とおくことによりe^{μ}を1に選ぶことができる：

$$ds^2 = e^{\nu}c^2dt^2 - e^{\lambda}dr^2 - r^2(d\theta^2 + \sin^2\theta d\varphi^2). \tag{5.11}$$

時空座標(x^0, x^1, x^2, x^3)として(ct, r, θ, φ)を採用すれば，計量テンソルは

$$g_{00} = \frac{1}{g^{00}} = e^{\nu}, \quad g_{11} = \frac{1}{g^{11}} = -e^{\lambda},$$

$$g_{22} = \frac{1}{g^{22}} = -r^2, \quad g_{33} = \frac{1}{g^{33}} = -r^2\sin^2\theta$$

であり，Christoffel 記号$\Gamma^i{}_{kl}(=\Gamma^i{}_{lk})$は，恒等的に零に等しいものを省き，つぎのように計算される($\nu' \equiv d\nu/dr$ 等)：

$$\Gamma^0{}_{10} = \frac{\nu'}{2}, \quad \Gamma^1{}_{00} = \frac{\nu'}{2}e^{\nu-\lambda}, \quad \Gamma^1{}_{11} = \frac{\lambda'}{2},$$

$$\Gamma^1{}_{22} = -re^{-\lambda}, \quad \Gamma^2{}_{12} = \Gamma^3{}_{13} = \frac{1}{r}, \quad \Gamma^1{}_{33} = -r\sin^2\theta e^{-\lambda},$$

$$\Gamma^2{}_{33} = -\sin\theta\cos\theta, \quad \Gamma^3{}_{23} = \cot\theta.$$

(§3.8の例が参考になる.)

さて，当面の目的は物質外部の条件

$$R_{ik} = 0$$

によってνとλとを定めることである．この2階の曲率テンソルの成分は，恒等的に零になるものを省き，つぎのように計算される：

$$R^0{}_0 = e^{-\lambda}\left[\frac{\nu''}{2}+\frac{\nu'}{4}(\nu'-\lambda')+\frac{\nu'}{r}\right],$$

$$R^1{}_1 = e^{-\lambda}\left[\frac{\nu''}{2}+\frac{\nu'}{4}(\nu'-\lambda')-\frac{\lambda'}{r}\right],$$

$$R^2{}_2 = R^3{}_3 = e^{-\lambda}\left[\frac{1}{r^2}+\frac{1}{2r}(\nu'-\lambda')\right]-\frac{1}{r^2}.$$

$R^0{}_0-R^1{}_1=0$ から

$$\lambda'+\nu' = 0 \tag{i}$$

が得られる．この関係式を他の2式に代入して $2r\ R^1{}_1=d(r^2R^2{}_2)/dr$ が成り立ち，従って $R^1{}_1=0$ を省くことができる．$R^2{}_2=0$ より

$$e^{-\lambda}(1-r\lambda')-1 = 0. \tag{ii}$$

方程式(i)より $\lambda+\nu=$定数であるが，遠方 $(r\to\infty)$ で $\lambda\to 0,\nu\to 0$ であるべきことから，この定数は0に等しい：

$$\lambda+\nu = 0.$$

さらに(ii)すなわち

$$\frac{d}{dr}[r(1-e^{-\lambda})] = 0$$

より，r_g を積分定数として

$$e^{-\lambda} = e^{\nu} = 1-\frac{r_g}{r}.$$

こうして，**Schwarzschild**(シュワルツシルド)**の解**と呼ばれる

$$ds^2 = \left(1-\frac{r_g}{r}\right)c^2dt^2-\frac{dr^2}{1-\frac{r_g}{r}}-r^2(d\theta^2+\sin^2\theta d\varphi^2) \tag{5.12}$$

が得られる．定数 r_g は，遠方で

$$1-\frac{r_g}{r} \to 1-\frac{2Gm}{c^2r} \qquad (m\text{ は太陽の質量})$$

を考慮すれば，

$$r_g=2Gm/c^2 \tag{5.13}$$

であることがわかる．この r_g を**重力半径**(gravitational radius)といい，また

Schwarzschild 半径ともいう．太陽では，その質量 1.99×10^{30}kg により，$r_g=$ 2.95km であり，この値は太陽半径の 10^{-5} 以下である．

§5.3 水星の近日点の前進

太陽系のなかで最も内側の軌道をまわる惑星が水星である．その楕円軌道は，図5.1のように，円とははっきり異なっている．太陽からの距離の最小値は4600万キロメートル，最大値は6982万キロメートルである．Keplerの法則などに使われる“平均距離”はこの平均値にほかならない．

これらの値から離心率 e

$$\frac{(\text{平均値})-(\text{最小値})}{\text{平均値}}\ \text{または}\ \frac{(\text{最大値})-(\text{平均値})}{\text{平均値}}$$

を求めると 0.2056 になる．ちなみに，金星軌道の離心率は 0.0068，地球軌道の離心率は 0.0167 であり，この二つの惑星の軌道は円と見なしてもほとんどさしつかえない．

一般に，惑星が軌道上で太陽に最も近づく点を**近日点**(きんじつてん)という．水星の近日点が少しずつ進むことは昔から知られていて，その角度は100年につき 1°33′20″ である．この値の大部分は，地球の自転軸の方向が完全には一定していないために，赤経の原点すなわち春分点が移動することによる．水星に関係のないこの移動量をさし引くと，9′34″ が残る．

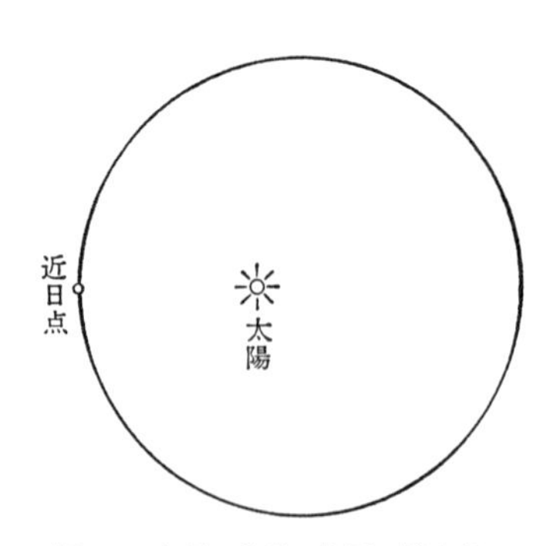

図5.1 水星の軌道．楕円の離心率 0.2.

この観測結果は，金星など他の惑星からの影響としてほぼ説明されるが，それらを差引いた残り43″が説明できない謎として今世紀にもち越されていた．

本節で精しく取り扱うように，一般相対論によれば，一つの惑星の近日点は1公転の間に

$$6\pi Gm/c^2l$$

だけ進むことになる．ここにmは太陽の質量であり，lは楕円軌道の通径の半分で太陽からの平均距離に$1-e^2$を乗じた積に等しい(§4.2, (4.11)参照)．水星について，その平均距離と離心率eとの値を入れ，100年の公転回数415を乗じ，結果をラジアンから度・分・秒に変えると43.0″になる！

一般相対論の立場では，水星の運動は，Schwarzschildの解(5.12)を計量とする時空世界での測地線

$$\frac{du^i}{ds}+\Gamma^i{}_{kl}u^ku^l=0, \qquad u^i=\frac{dx^i}{ds}$$

で与えられる．まず$i=2$に着目すれば，

$$\frac{d^2\theta}{ds^2}+\frac{2}{r}\frac{dr}{ds}\frac{d\theta}{ds}-\sin\theta\cos\theta\left(\frac{d\varphi}{ds}\right)^2=0.$$

この方程式は軌道面を$\theta=\pi/2$の面にとることによって満される．

つぎに$i=3$に着目して，

$$\frac{d^2\varphi}{ds^2}+\frac{2}{r}\frac{dr}{ds}\frac{d\varphi}{ds}=0.$$

すなわち

$$\frac{d}{ds}\left(r^2\frac{d\varphi}{ds}\right)=0.$$

これから，積分定数をαと置いて

$$r^2\frac{d\varphi}{ds}=\alpha,$$

すなわち面積速度一定の法則に対応する関係が得られる．同様に$i=0$の成分から，定数βを含んだ

$$\left(1-\frac{r_g}{r}\right)\frac{dct}{ds}=\beta$$

が得られる．r_gは重力半径である．

$i=1$の成分の代りに，計量そのもの

$$\left(1-\frac{r_g}{r}\right)c^2\left(\frac{dt}{ds}\right)^2-\left(1-\frac{r_g}{r}\right)^{-1}\left(\frac{dr}{ds}\right)^2-r^2\left(\frac{d\varphi}{ds}\right)^2=1$$

を利用する(§3.3 例1参照)．上3式よりdsとdtとを消去して整理すれば

$$\left(\frac{d}{d\varphi}\frac{1}{r}\right)^2+\frac{1}{r^2}=\frac{r_g}{\alpha^2}\frac{1}{r}+\frac{r_g}{r^3}+\frac{(\beta^2-1)}{\alpha^2}$$

が得られる．

これをさらにφで微分すれば

$$\frac{d^2}{d\varphi^2}\frac{1}{r}+\frac{1}{r}=\frac{r_g}{2\alpha^2}+\frac{3r_g}{2}\frac{1}{r^2}. \tag{5.14}$$

この微分方程式の第1近似解は右辺第2項を無視することによって得られる円錐曲線

$$\frac{1}{r}=\frac{1}{l}(1+e\cos\varphi),\quad \frac{1}{l}=\frac{r_g}{2\alpha^2}$$

である．離心率eは定数βと関連し，$e<1$が楕円に対応する．以下$e=0.2056$の水星の軌道を考える．

第2近似解は，これを

$$\frac{1}{r}=\frac{1}{l}[1+e\cos(\eta\varphi)]$$

とおき，ηを定めることによって得られる．(5.14)の右辺第2項は既に小さいのであるから，そこでは$r^{-2}=l^{-2}[1+2e\cos(\eta\varphi)]$と置いて十分な精度が得られる：

$$\frac{d^2}{d\varphi^2}\frac{1}{r}+\frac{1}{r}=\frac{r_g}{2\alpha^2}+\frac{3r_g}{2}\frac{1}{l^2}[1+2e\cos(\eta\varphi)].$$

$e\cos(\eta\varphi)$の係数に着目して

$$(-\eta^2+1)\frac{1}{l}=\frac{3r_g}{l^2}.$$

これから

$$\eta^2 = 1 - \frac{3r_g}{l},$$

あるいは

$$\eta = 1 - \frac{3r_g}{2l} = 1 - \frac{3Gm}{c^2 l},$$

ここに G は万有引力定数，m は太陽の質量である．1公転の間の近日点の進みを δ とおけば，$(2\pi+\delta)\eta=2\pi$ より

$$\delta = \frac{6\pi Gm}{c^2 l} \tag{5.15}$$

が得られる．

§5.4　光の進む道すじ

Newton 力学は，惑星の運動についてほとんど満足すべき結果を与えるが，微妙な誤差が一般相対論にもとづいて完全に訂正された．この誤差がごく小さいことは，太陽の周囲の時空の曲率が小さいからにほかならない．

同じ様に，“真空中で光は直進する”ということについても，微妙な誤差が一般相対論にもとづいて訂正されているのである．すなわち星からの光が太陽のごく近くを通過して地球に到達するさい，図5.2のように，

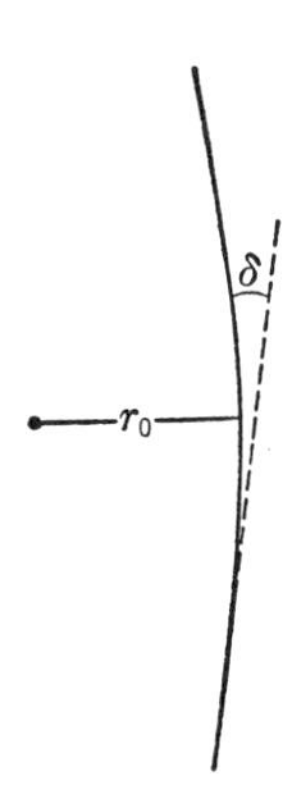

図5.2　光の道すじの重力による曲り．

$$\delta = \frac{4Gm}{c^2 r_0}$$

だけ直線から曲ることになる．ここに r_0 は太陽の中心から光の道すじへの最短距離であり，m は太陽の質量である．これは僅かではあるが，太陽の表面をすれすれに通る光について，すなわち r_0 として太陽半径をとると，1.75″と計算される．そしてこの **Einstein** 効果は，日食のさい太陽周辺に見える星々の写真とそれらの平常の位置とを比べるなどの方法により，確められている．

さて，慣性系では，光の進む道すじは $ds=0$ を満す直線であることを知っている．重力場での光の道すじについては，この“直線”を“測地線”と言い換えるだけでよいから，光の道すじは $ds=0$ を満す測地線で与えられる．

惑星の軌道を与える微分方程式(5.14)において，α は

$$r^2 \frac{d\varphi}{ds} = \alpha$$

で定義される定数であり，$ds \to 0$ の極限で α は ∞ となる．(5.14)で $\alpha \to \infty$ の極限をとれば

$$\frac{d^2}{d\varphi^2}\frac{1}{r} + \frac{1}{r} = \frac{3r_g}{2}\frac{1}{r^2} \tag{5.16}$$

となり，これが太陽の近くを通る光の経路を決める微分方程式にほかならない．

この方程式の第1近似解は，右辺を0と置くことによって得られる：

$$\frac{1}{r} = \frac{\cos\varphi}{r_0}.$$

この式は直線を表わし，積分定数 r_0 は原点から直線への垂線の長さを意味する．

第2近似解は，方程式の右辺の $1/r$ にこの表式を入れたものの解として得られる．すなわち

$$\frac{1}{r} = \frac{\cos\varphi}{r_0} + \frac{r_g}{2{r_0}^2}(\cos^2\varphi + 2\sin^2\varphi).$$

この解が表わす曲線の形を描くために，

$$x = r\cos\varphi, \quad y = r\sin\varphi$$

を用いれば

$$x=r_0-\frac{r_g}{2r_0}\frac{x^2+2y^2}{\sqrt{x^2+y^2}}$$

$|y|\to\infty$ の遠方で

$$x=r_0-\frac{r_g}{r_0}|y|$$

となることに注意すれば，太陽の近くを通る光の道すじが直線からはずれる角 δ として

$$\delta=\frac{2r_g}{r_0}=\frac{4Gm}{c^2r_0} \tag{5.17}$$

が得られる．

光の進む道すじについて**Fermat（フェルマー）の原理**と呼ばれるものがある．屈折率が場所によって変っているとき，光は通過に要する時間が極小値をとるような道すじに沿って進むというものである．静的な重力場にこの原理をあてはめ，(5.17)を導くことができる．

問題　§5.1の問題で知ったように，弱い重力場では，Newtonポテンシャルを $\phi(\boldsymbol{r})$ として計量が

$$ds^2=\left(1+\frac{2\phi}{c^2}\right)c^2dt^2-\left(1-\frac{2\phi}{c^2}\right)(dx^2+dy^2+dz^2)$$

で与えられる．ここに $|\phi|/c^2\ll1$．光の道すじに沿って $ds=0$ ゆえ

$$c^2dt^2=\left(1-\frac{4\phi}{c^2}\right)(dx^2+dy^2+dz^2) \tag{i}$$

となる．Fermatの原理により，光の経路は $\delta\int dt=0$ すなわち(i)を計量とする3次元Riemann空間の測地線である．§3.3例2を利用して，太陽のごく近くを通る光の曲る角(5.17)を導け．

解　太陽の重力半径を r_g とおけば(i)の右辺は，平面極座標で

$$\left(1+\frac{2r_g}{r}\right)(dr^2+r^2d\varphi^2),\quad \frac{r_g}{r}\ll1$$

となり，§3.3例2により経路は

$$\frac{1}{r}=\frac{1}{l}(1+e\cos\varphi),\qquad e\gg1$$

で与えられる．ここに $l=r_g(e^2-1)$．この測地線が曲る量 δ は

$$1+e\cos\left(\frac{\pi}{2}+\frac{\delta}{2}\right)=0$$

より

$$\delta=2\sin^{-1}\frac{1}{e}.$$

ここで $r_0=r_g(e-1)$ を入れ

$$\delta=2\sin^{-1}\frac{r_g}{r_0+r_g}\doteqdot\frac{2r_g}{r_0}.$$

§5.5 通常の星々と異常な星々

大部分の恒星の明るさは，それぞれ一定している．昔から，最も明るい星々を1等星と呼び，2等星，3等星を経て，肉眼でやっと見えるものを6等星と呼んでいる．6等星の明るさは1等星の明るさの約1/100である．

昔からのこの呼び方に合せて，星の明るさを定量的に表わすため，つぎのような**見かけの明るさの等級**が用いられる．20個の1等星の明るさの平均を1.0等と定め，この1/100の明るさを6.0等と定める．そして1等級の違いを100の5乗根すなわちほぼ2.5倍の明るさの違いとする．たとえば0.0等は1.0等の2.5倍の明るさ，−1.0等はさらにその2.5倍の明るさを意味する．

全天一に明るい恒星で真冬に南天に見られるシリウス(おおいぬ座 Sirius)は−1.5等，麦が実る頃だいだい色に輝く麦星(うしかい座 Arcturus)は−0.1等，立秋の頃七夕祭でにぎわう仙台(北緯38.3°)の頭上に輝く織女星(こと座 Vega)は0.0等，そして織女星の東南に半分の明るさで見える彦星(わし座 Altair)は0.8等である．

恒星の見かけの明るさとともに，その星の真の明るさすなわち星の出す光の強さを知るには，星までの距離を知らなければならない．太陽から近い恒星までの距離は三角測量の原理で求めることができる．

地球が太陽のまわりを動いているために，近くの恒星の天球上での位置は1年を周期としてごく小さい楕円を描くことになる．この楕円の長半径を角度で表わしたものを**年周視差**という．星までの距離はこの年周視差に反比例する．

年周視差が角1秒(1″)のときの距離を1パーセク(parsec)と呼ぶ．parsecはparallax per secondに由来する．

年周視差は，逆に，その星から地球の公転軌道を見たときその半径の張る角度に等しい．このことから

$$1\text{パーセク}=\frac{360\times 60\times 60}{2\pi}\text{天文単位}=3.26\text{光年}$$

であることがわかる．この方法で距離を求めることができるのは，50パーセクすなわち150光年の程度までである．

こうして，シリウスまでの距離8.7光年，彦星まで17光年，織女まで26光年，麦星まで36光年，などがわかっている．なお，われわれに最も近い恒星は4.3光年の距離にあるが，この1等星は，日本からはほとんど見えない．

見かけの明るさでなく，星の出す光の強さを知るには，その星を標準の距離に置いたとして，そのときの明るさを比べればよい．この標準の距離として10パーセク，すなわち32.6光年を選び，ここに星を置いたときの明るさの等級を絶対光度の等級または**絶対等級**という．絶対等級は

$$\text{見かけの明るさの等級}-5\log_{10}\frac{\text{光年で表わした距離}}{32.6}$$

で計算できて，その値はつぎのとおりである：太陽4.8等，彦星2.2等，シリウス1.4等，織女0.5等，麦星−0.3等．麦星は太陽の100倍の光を出していることがわかる．

なお，上の公式はつぎのように考えれば理解できる．かりに標準の10倍の距離にある星を標準の距離まで近づければ，明るさは100倍になり，等級は5だけ明るくなるはずであるが，上の公式もこの結果を正しく与える．

鉱石をとかす炉の中の温度は，炉の小窓から出る光の色によって知ることができる．温度の低いうちは，赤い光や赤外線が多いが，高くなるとだいだい色を帯びてくるからである．星の表面の温度も，その色によって，精密には出す光のスペクトルによって知ることができる．だいだい色の麦星は4200K，黄色の太陽は5800K，淡黄の彦星は8250K，白い織女とシリウスはそれぞれ9500K

と 10400K であることがわかっている.

シリウスの年周視差が精密に測定されているうちに，この星の位置が，約50年を周期としてよろめいていることがわかった．これは19世紀中頃のことである.

1862年1月下旬，レンズ磨きの名人といわれた A. Clark という人が，完成したばかりの 49cm 屈折望遠鏡をシリウスに向け，明るいシリウス主星のわきに暗い伴星(ばんせい)を発見した．この伴星について，絶対等級は 11.2等，色は青白く，表面温度は 14800K と測られた.

図5.3は，シリウスの主星と伴星，太陽，織女，彦星，麦星に二三追加して，絶対等級と表面温度との関係を示したものである．太陽，シリウス主星，彦星，織女などわれわれの近くにある大部分の星が図の曲線の近辺に分布し，これらの星は**主系列星**と呼ばれる．これらは，いわば“通常の星”である.

一般に，星の表面のような高温な物体は，単位面積あたり，絶対温度の4乗に比例する量の光を放つ．ここに光とは紫外線や赤外線まで含めたものであるが，目に見える光だけについても，温度が高いほど単位面積から放出される光

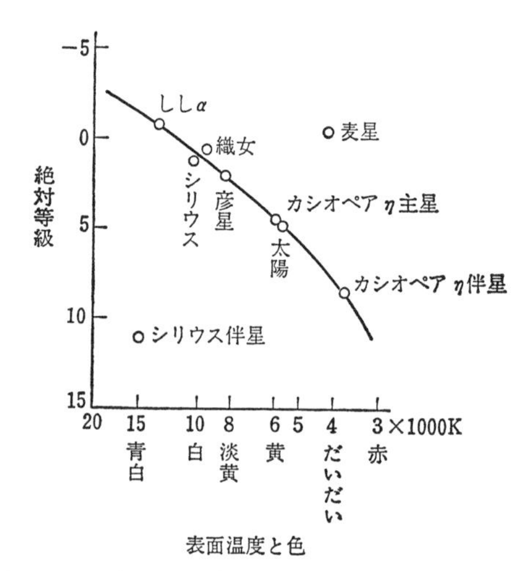

図5.3 星の表面温度と真の明るさとの関係．この種のものをH-R図(Hertzsprung-Russell ダイヤグラム)という.

表 5.1　恒星の物理量　（理科年表より）

	温　度 (K)	半　径 (太陽単位)	質　量 (太陽単位)	平均密度 (g/cm^3)
太　陽	5800	1.00	1.00	1.415
シリウス主星	10400	1.76	2.14	0.55
シリウス伴星	14800	0.016	1.06	4×10^5
カシオペアη主星	5940	1.03	0.87	1.14
カシオペアη伴星	3800	0.81	0.54	1.41
麦　星	4200	24		
織　女	9500	3.0		
彦　星	8250	1.7		
しし座α	13000	3.8		

が強いことに変わりはない．シリウス伴星は主星より温度が高いにもかかわらず，その明るさが主星の 10000 分の 1 しかない．このことは，伴星の表面積が主星の 10^{-4} 以下，いいかえれば半径が 100 分の 1 以下であることを意味する．

主星と伴星とは重心のまわりを回るわけであるが，両者の軌道と周期 50.1 年とを組み合わせて，主星・伴星の質量を知ることができる．主星の質量は太陽の約 2 倍，伴星の質量は太陽にほぼ等しい．

これまで扱った星について，その物理的諸量を表 5.1 にまとめよう．

シリウス伴星の平均密度は 1 cm^3 あたり 400kg になる．このように密度が異常に高い星が，現在数百個知られており，これらは前の図 5.3 で主系列星の左下に分布し，**白色わい(矮)星**と呼ばれる．また麦星や，図でその近辺に分布する同様な星は**赤色巨星**と呼ばれる．

§5.6　シリウス伴星の出す光

定まった原子――たとえば水素原子――から出る光のスペクトルはきまっている．それだからこそ，スペクトル線を観測することによって，星の大気にどんな原子が存在するかを知ることができるのである．しかし，一般相対論によれば，光もまた時空の曲率の影響を受ける．シリウス伴星のすぐ外側では，この時空の曲率は無視できない．この星は質量の大きい割合にサイズが小さいからである．したがって，この星の表面の原子から出る光のスペクトルは，地球上でその原子の出す光のスペクトルから僅かながら波長が異なることになる．

Einstein の予想によれば，下に説明するように，シリウス伴星の出す光について，地上での波長 λ の光は

$$(Gm/c^2r_0)\lambda$$

だけ波長がのびることになる．ここに m は星の質量，r_0 は星の半径である．表5.1の数値を入れれば，この量は $0.00014\,\lambda$ となる．たとえば波長5000 Å の線は0.7 Å だけ赤い方へずれることになる．

Schwarzschild の解は静的な時空の座標系である．そこに現われる"座標時" t は次のような性質をもっている．θ, φ が一定の方向に進む光を考えよう．いま $t=t_0$ に定点 r_0 を出た光の信号が，$t=t_1$ に r_1 に到達するものとすれば，$t=t_0+\Delta t$ に r_0 を出た光は $t=t_1+\Delta t$ に r_1 に到達する．いいかえれば光が r_0 から r_1 まで進むに要する時間は r_0 と r_1 だけから決まるのである．

一方，"固有時" τ は静止している時計の読みである．例えば定まった原子スペクトル線の1振動は固有時で1だけ経過したことを意味する．固有時間 $d\tau$ は，ちょうど慣性系において固有時間が系のとり方によらないように，系のとり方によらない不変量 ds/c にほかならない：

$$ds = c d\tau.$$

半径 r_0 の星の表面に静止している原子では

$$c^2 d\tau^2 = \left(1-\frac{r_g}{r_0}\right)c^2 dt^2.$$

ここに r_g は星の重力半径である．すなわち固有時が $d\tau$ だけ経過する間に座標時は

$$dt = d\tau \Big/ \sqrt{1-\frac{r_g}{r_0}} > d\tau$$

だけ経過する．

さて，半径 r_0 の星の表面に存在する原子からのスペクトル線を重力の無視できる地球上で観測する場合を考えよう．原子の固有時間1は座標時間で $1/\sqrt{1-r_g/r_0}$ であり，これはそのまま地球上での座標時間でもある．地球上で

は座標時間と固有時間との違いは無視できるから，結局，同じスペクトル線について，この星からのものは周期が $1/\sqrt{1-r_g/r_0}$ 倍にのびていることになる．周期の延びを波長 λ の延び $\delta\lambda$ に直すと，

$$\frac{\lambda+\delta\lambda}{\lambda}=\frac{1}{\sqrt{1-r_g/r_0}}\fallingdotseq 1+\frac{r_g}{2r_0}=1+\frac{Gm}{c^2r_0} \tag{5.18}$$

となる．

観測の結果はこのとおりであったので，異常に密度の高い星が宇宙に存在することは確かになった．これは一般相対論の出た1916年より，わずか数年後のことである．この種の星が現在数百個知られていて，白色わい星と呼ばれることはすでに述べた．

スペクトル線が赤い方へかたよるといっても，その割合はわずかである．言いかえれば，白色わい星でも時空の曲率はあまり強くない．最近では，**中性子星**といういっそう高い密度の星々も知られている．

さらに時空の曲率が著しく，光でさえ，そこから飛び出しえない場合も，方程式の解の中に含まれる．この極端なものは**ブラック・ホール**(black hole)と呼ばれる．それらしいものを伴星にもつ星も観測されているが，まだ確定的ではない．

第6章　星雲の集りとしての宇宙

§6.1　アンドロメダ星雲までの距離

秋，天頂付近に，条件がよければ肉眼でもかすかに見ることのできるアンドロメダ大星雲は，わが銀河系の外にあってこれに対等な大きさの星雲である．この星雲はかなりの角度に広がっていて満月の数倍も大きいにもかかわらず，その中心部がかすかに見えるだけであるのは光が弱いからである．

このように広い視野にひろがる暗い天体の写真をとるのに適した望遠鏡に**Schmidt(シュミット)望遠鏡**がある．鏡筒の上端に補正板と呼ばれる特殊な曲面をもつ薄いレンズがあり，下端に主鏡と呼ばれる球面反射鏡がある．入射光は補正板で屈折したのち主鏡で反射され，両者の中央に挿入した写真乾板上に像が結ばれるのであり．補正板の特殊な曲率により，広角にわたって収差が除かれている．

東京天文台の木曾観測所は，木曾御岳の東南にあたり，標高1130mに位置し，1974年に発足したばかりである．ここに第一級のSchmidt望遠鏡がある．図6.1はその写真で，補正板の口径105cm，主鏡の口径150cm，日本光学製である．写真乾板としては，36cm (写角約6°)正方，および24 cm (4°)正方のものが使える．図6.2のアンドロメダ星雲は，この望遠鏡で撮影したもので，原乾板の一部からの原寸コピーにほかならない．なお観測所の記録によれば，この撮影は，1975年11月22日19時13分から43分まで，30分間の露出でおこなわれた．

図 6.1　東京大学東京天文台の木曾観測所にある 105cm Schmidt 望遠鏡.

さて，アンドロメダ星雲までの距離は 220 万光年であるが，この値が得られた道すじをこれから学ぼう.

写真が示すように，この渦巻きの形の星雲には，一段と小さい二つのお伴がついている．わが銀河系にも，これに似て二つの小さい星雲が伴っているのである．これが南半球の夜空を特徴づける大,小マゼラン雲にほかならない．この星雲は赤緯 $-70°$ 付近にあり，ヨーロッパ人としては，16 世紀に Magellan が世界周航の途上で見たのが初めてであるという.

脈動しながら周期的に光度を変える星には，いくつかの型があるが，その一

図 6.2 アンドロメダ星雲．東京天文台木曾観測所 105cm Schmidt 望遠鏡撮影．6cm＝1°．(1°は月の視直径の2倍にほぼ等しい．)

つケフェウス型と呼ばれる変光星は，わが銀河系にも，マゼラン雲にも，アンドロメダ星雲にも多数存在する．ケフェウス型とは，ケフェウス座δ星と同じ型という意味である．

小マゼラン雲の中の何百個ものケフェウス型変光星について，その周期と見かけの明るさとの間に，かなりきまった関係があることが見出されたのは，今世紀の初め頃であった(Leavitt 嬢，1912)．周期は短いもので2日ぐらい，長いもので50日ぐらいであるが，この周期が長いほど明るいのである．明るさは周期にほぼ比例し，たとえば周期4日のものに比べて10日のものは2.5倍明るく，いいかえれば1等級だけ明るいのである．

小マゼラン雲が小ぢんまりしているため，これらの星々はすべて等しい距離にあると見なしてよい．したがって上に述べた関係は，周期と絶対光度との関係にほかならない．

アンドロメダ星雲の中のなるべく多数のケフェウス型変光星について，周期と明るさとの関係を調べる．これを小マゼラン雲について得られている関係と比較すれば，両者までの距離の比が得られることになる．実際，等しい周期の変光星については，マゼラン雲中のものに比べて，アンドロメダ星雲中のものは1/110の明るさであることから，距離は110の平方根すなわち10.5倍であることがわかる．

小マゼラン雲までの距離を知れば，問題は解決したことになるが，これにはつぎの方法がある．主系列星のうち青白いものは絶対光度が明るいのでマゼラン雲の中にも見わけられる．その表面温度と見かけの明るさとの関係を調べ，図5.3のような温度と光度との関係に対応させればよい．あるいはつぎのような方法もある．わが銀河系の中に，主系列星の温度・光度の関係などによって距離の知れた星団が数多く存在する．これら星団に含まれるこの型の変光星に着目して，変光の周期と光度との関係を確立しておけばよい．

このようにして，小マゼラン雲までの距離21万光年，アンドロメダ星雲までの距離220万光年が求められたのである．

§6.2 ふくらんでゆく宇宙

この宇宙は，わが銀河系と対等なもろもろの星雲で満ちている．その一つがアンドロメダ星雲にほかならない．このような星雲にも大きい小さいが多少ある．また宇宙の場所によってその分布に濃淡がある．しかし大きいスケール——たとえばアンドロメダ星雲までの距離の数十倍——で平均してながめると，宇宙における星雲の分布は一様である．いいかえれば，大きいスケールで見れば，物質はこの宇宙を一様に満たしているのである．

このような宇宙を時空の世界と見るとき，その曲率は0でない．したがって，すべての星雲が空間の定位置に留まっていることはできない．言いかえれば定常な宇宙というものは考えられないのである．もしある時刻にすべての星雲が止まっているとすれば，これらはたがいの引力のため次第に近よってくるから，宇宙はこの意味で収縮し始めることになる．

実際には，この宇宙はふくらみつつある．どうしてこれがわかるのだろうか？

近づきつつある発音体からの音は，その振動数が高く聞え，遠ざかりつつあるときは低く聞える．光についても事情は同じで，近づきつつある発光体からの光はそのスペクトル線が青の方へずれ，遠ざかりつつあるときは赤の方へずれる．このずれの割合から，近づく速さ，あるいは遠ざかる速さがわかることになる．たとえばアンドロメダ星雲はわが銀河系に毎秒275kmの速さで近づいていることが知られている．

わが銀河系から十分離れた星雲は，その距離にほぼ比例した速度で遠ざかりつつある．遠くの星雲の距離が1%延びるのに約1億年かかる割合になっている．宇宙のこの定数は，**Hubble(ハブル)の定数**と呼ばれる．“宇宙はふくらみつつある”とはこの意味にほかならない．

前に述べたように，この宇宙を時空の世界と見るとき，その曲率は0でない．しかし時刻を定めて空間だけに着目すると，その3次元空間の曲率が0になることは可能である．ここに“可能である”とは，Einsteinの方程式の解の一つであるという意味である(A. Friedmann, 1922)．

空間の曲率が0である場合は扱いやすい．現実の宇宙がこの場合にちょうどあてはまるかどうかはわからないが，そのように見なすことは一つの理想化として許される．とにかく，望遠鏡で見える範囲では空間が曲っているように考える必要はない．

物質で一様に満された膨張宇宙を数理的に取り扱うには，物質に着いて膨張してゆく空間座標系(x, y, z)を選ぶのが有効であろう．特に3次元空間の曲率

が0の宇宙では，時空の不変量 ds^2 は

$$ds^2 = c^2dt^2 - a^2(t)[dx^2+dy^2+dz^2] \tag{6.1}$$

の形に書かれる．ここに $a(t)$ は，宇宙のスケールが時間 t の経過につれて大きくなることを表わす因子であり，$a^{-1}da/dt$ が Hubble 定数にほかならない．現在の宇宙で

$$\frac{1}{a}\frac{da}{dt} = 0.8\times 10^{-10}\,\mathrm{y}^{-1} \tag{6.2}$$

と観測されている．この a をスケール因子と呼んでおく．

時間 t の代りに，別の座標時間 η を

$$cdt = ad\eta \qquad (t=0 \text{ のとき } \eta=0) \tag{6.3}$$

によって導入すれば，

$$ds^2 = a^2(\eta)[d\eta^2 - dx^2 - dy^2 - dz^2] \tag{6.4}$$

を得る．ここで時空の座標 (η, x, y, z) を (x^0, x^1, x^2, x^3) に選べば，

$$ds^2 = g_{ik}dx^i dx^k$$

における計量テンソルは

$$g_{00} = a^2,\ \ g_{11} = g_{22} = g_{33} = -a^2,\ \ \text{他の成分} = 0$$

で与えられる．

$da/d\eta$ を $\dot{a}$ と略記して，Christoffel 記号を計算すれば，

$$\Gamma^0{}_{00} = \frac{\dot{a}}{a},\ \ \Gamma^0{}_{\alpha\beta} = \frac{-\dot{a}}{a^3}g_{\alpha\beta},\ \ \Gamma^\alpha{}_{0\beta} = \frac{\dot{a}}{a}\delta^\alpha{}_\beta,$$

$$\Gamma^0{}_{\alpha 0} = \Gamma^\alpha{}_{00} = 0, \qquad (\alpha, \beta = 1, 2, 3).$$

これから，2階の曲率テンソルの成分は

$$R^0{}_0 = \frac{3}{a^4}(\dot{a}^2 - a\ddot{a}),\ \ R^\beta{}_\alpha = -\frac{1}{a^4}(\dot{a}^2 + a\ddot{a})\delta^\beta{}_\alpha, \qquad R_{0\alpha} = 0,$$

スカラー曲率 R は

$$R = R^0{}_0 + R^\alpha{}_\alpha = -\frac{6}{a^3}\ddot{a}$$

となる．

この時空座標系では，物質すなわち流体は“静止”しており，そのエネルギ

ー運動量テンソル $T^k{}_i$ の成分は

$$T^0{}_0=\varepsilon,\ \ T^1{}_1=T^2{}_2=T^3{}_3=-P$$

で与えられる．重力場の方程式(5.3)，

$$R^k{}_i-\frac{1}{2}\delta^k{}_iR=\kappa T^k{}_i$$

を具体的に書けば

$$\left.\begin{aligned}3a^{-4}\dot{a}^2&=\kappa\varepsilon,\\ a^{-4}(\dot{a}^2-2a\ddot{a})&=\kappa P.\end{aligned}\right\} \tag{6.5}$$

現在の宇宙は高温ではない．いいかえれば物質密度を ρ として，

$$P\ll\varepsilon=\rho c^2$$

の状態にある．従って(6.5)の第2式より

$$\dot{a}^2-2a\ddot{a}=0,$$

すなわち

$$\frac{d^2}{d\eta^2}\sqrt{a}=0.$$

これから，C_1, C_2 を積分定数として

$$\sqrt{a}=C_1\eta+C_2$$

であるが，η の原点を適当に選ぶことによって

$$a=(\text{定数})\times\eta^2, \tag{6.6}$$

すなわちスケール因子 a は η^2 に比例する．従って

$$ct=\int_0^\eta a d\eta=\frac{1}{3}a\eta$$

が成り立ち，η は $t^{1/3}$ に比例し，a は $t^{2/3}$ に比例することになる．なお(6.5)の第1式と(6.6)により

$$\rho a^3=\text{一定}, \tag{6.7}$$

すなわち，宇宙の膨張する一つの領域に含まれる物質の総量は不変に保たれる，という当然の結果が得られる．

(6.5)の第1式はまた

$$\left(\frac{1}{a^2}\frac{da}{d\eta}\right)^2 = \frac{\kappa}{3}\rho c^2,$$

すなわち，時間 t と万有引力定数 G とにより，

$$\left(\frac{1}{a}\frac{da}{dt}\right)^2 = \frac{8\pi G}{3}\rho. \tag{6.8}$$

Hubble 定数の値を入れて，現在の宇宙の "平均" 密度 ρ を計算すると，

$$\rho = 10^{-29}\ \mathrm{g/cm^3}$$

が得られる．現在の宇宙が平坦な空間部分をもつためには，その平均密度がちょうどこの値をとることが条件になるのである.* 現実の宇宙の平均密度はまだ十分な精度で知られてはいないので，この条件が満されているかどうかは残念ながらわからない．

膨張宇宙の初期では，宇宙は高温高圧であり，圧力 P がエネルギー密度 ε の 1/3 に近い状態にあったに違いない．$P=\varepsilon/3$ を (6.5) に代入すれば $\ddot{a}=0$ が得られ，C_1, C_2 を積分定数として

$$a = C_1\eta + C_2$$

であるが，η の原点を適当に選ぶことにより

$$a = (\text{定数})\times\eta$$

すなわちスケール因子 a は η に比例する．従って

$$ct = \int_0^\eta a d\eta = \frac{1}{2}a\eta$$

が成り立ち，η と a とは $t^{1/2}$ に比例する．なお (6.5) の第1式より

$$\varepsilon a^4 = \text{一定} \tag{6.9}$$

が得られる．

宇宙の膨張と同じ割合で膨張する空間領域 a^3 の中のエネルギー量 $a^3\varepsilon$ は一定ではなく，

$$\frac{d}{d\eta}(a^3\varepsilon) + P\frac{d}{d\eta}(a^3) = 0 \tag{6.10}$$

---

* 宇宙の空間部分が§2.5例1のような3次元球面 S^3 であるためには，平均密度がこの値より大きくなければならない．また§3.8問題2のような3次元擬球面であるためには，この値より小さくなければならない (Friedmann).

の関係を満すはずである．ここに第2項はこの領域が外部にする仕事であり，その量だけ領域内のエネルギーが減少するからである．いいかえれば，宇宙の膨張は断熱過程と見なされる．実際にこの関係式は(6.5)から得られる．そして $P\ll\varepsilon$ のとき(6.7)に一致し，$3P=\varepsilon$ のとき(6.9)に一致する．

問題1 (6.5)より(6.10)を導け．

解 (6.5)より

$$\kappa\frac{1}{a}\frac{d}{d\eta}(a^4\varepsilon)=\frac{6}{a}\dot{a}\ddot{a},$$

$$\kappa\left(P-\frac{\varepsilon}{3}\right)\frac{d}{d\eta}(a^3)=-\frac{6}{a}\dot{a}\ddot{a}.$$

従って

$$\frac{1}{a}\frac{d}{d\eta}(a^4\varepsilon)+\left(P-\frac{\varepsilon}{3}\right)\frac{d}{d\eta}(a^3)=0.$$

これから(6.10)も直ちに得られる．

問題2 膨張宇宙(6.4)の中を自由に運動する質点がある．質量を m とするとき，運動量 $m\boldsymbol{v}/\sqrt{1-v^2/c^2}$ ではなくそのモーメント $am\boldsymbol{v}/\sqrt{1-v^2/c^2}$ が保存されることを示せ．

解

$$\frac{du^i}{ds}+\Gamma^i{}_{kl}u^ku^l=0,\qquad u^i=\frac{dx^i}{ds}$$

において，本文中の $\Gamma^i{}_{kl}$ を用いれば

$$\frac{du^\alpha}{ds}+2\frac{\dot{a}}{a}u^0u^\alpha=0,\qquad(\alpha=1,2,3)$$

すなわち

$$\frac{du^\alpha}{d\eta}+2\frac{\dot{a}}{a}u^\alpha=0.$$

これから

$$\frac{d}{d\eta}(a^2u^\alpha)=0,\qquad a^2u^\alpha=一定.$$

すなわち

$$a^2\times(u^1,u^2,u^3)=a\boldsymbol{v}/c\sqrt{1-v^2/c^2}$$

が一定に保たれる．

§6.3　星雲の生まれる瞬間

自然界には幾何学的に単純な形状が力学的には必ずしも安定でない場合が多い．前にも述べたように，この宇宙は銀河系に対等な無数の星雲で満ちている．そして，十分大きいスケールで見れば，物質はこの宇宙を一様に満たしている．もし物質が，星雲にかたまらないで本当に均質に宇宙を満たしているとすれば，その方が単純である．ではこの状態の安定性はどうであろうか？

この宇宙のふくらみつつあることが明らかになる少し前に，物質が一様に分布しているような宇宙は不安定であることを示した人がいた．たとえば水素ガスで一様に満たされている宇宙を考える．やや密度の濃いところがあったとしよう．そのサイズが小さい場合は，圧力の増加が物質を押しもどして音と同じ振動をする．しかしサイズが十分に大きい場合は，濃いところが周囲の物質を引きつけてますます濃くなる．つまり，宇宙を満たすもろもろの星雲は，このような機構でできたというのである．この種の不安定は，研究者の名をとって**Jeans(ジーンズ)の不安定**と呼ばれる．

ところがこの説に対して，十数年後に“待った！”の声がかかった．1945年につぎのような注意がLifshitz(リフシッツ)によってなされた．もし宇宙がふくらんでゆかなければ，Jeansの不安定があてはまるであろうが，ふくらんでゆく宇宙では事情が全く異る．一様に物質で満たされているとき，物質の密度は宇宙がふくらむに従って減少してゆく．わずかに濃いところがあって周囲の物質を引きつけても，その濃いところがどんどん濃くなるわけではない．つまり，Jeansの考えた機構では星雲はできないというのである．

Jeansの説では一様に物質で満たされた宇宙は不安定であることになるが，Lifshitzの訂正で，これは安定ではないが不安定というほどでもなく，いわば**中立のつり合い**ということになった．

平らな面の上に置かれた球は中立のつり合いの一例である．この際，この面がどこまでも平らであるかどうかが重大な問題となる．

一様に物質で満たされたままふくらんでゆく宇宙でわずかに濃淡ができたとする．密度の濃いところでも，宇宙がふくらむにつれて密度は減少してゆく．

しかしその場所はまわりの物質を引きつけるので，濃いところの密度と宇宙の平均密度との比は，時間がたつにつれて

$$1.1,\ 1.2,\ 1.3, \cdots$$

とゆっくり大きくなる．やがて

$$2.0,\ 3.0,\ 4.0, \cdots$$

となることは確かであるが，一体いつまでも密度の濃淡はゆっくり進行するだけだろうか？　もしそうならば，Lifshitz の言ったように，星雲はできないことになろう．

1968年，私はつぎのことを証明した.*濃いところの真ん中の密度が宇宙の平均密度の5〜6倍になると，その濃いところは真ん中あたりから宇宙がふくらむのを"振り切って"収縮し始める．言いかえれば，その時その場所に一つの星雲が誕生する．5〜6倍の正確な値はその濃い部分のサイズと形とによって異なり，サイズが十分大きく，形が球対称ならば5.5である．

この結果を導き出す道筋はつぎの通りである．星雲が生まれるずっと前には宇宙はほぼ均質で膨張していたと考えられ，その平均密度を $\bar{\rho}$ とおけば，そのとき既に圧力は小さく $P \ll \bar{\rho}c^2$ の条件が満されていたであろう．$\bar{\rho}$ は同じ割合で膨張する座標系(6.1)

$$ds^2 = c^2dt^2 - a^2(dx^2 + dy^2 + dz^2) \tag{6.11}$$

の係数a，すなわち宇宙のスケール因子 a，の3乗に反比例する：

$$a^3\bar{\rho} = \text{一定}.$$

前節に述べたように

$$cdt = ad\eta$$

で定義される時間 η を用いて，a は η^2 に比例し，従って $\bar{\rho}$ は η^6 に反比例する．なお万有引力定数を G として

$$4\pi G\bar{\rho} = \frac{6c^2}{a^2\eta^2} \tag{6.12}$$

の関係が成立することを注意しておこう．これは(6.8)から次のようにして得

* T. Kihara : Publ. Astr. Soc. Japan **19**, 121(1967), **20**, 220(1968).

られる：

$$4\pi G\bar{\rho} = \frac{3}{2}\frac{c^2}{a^2}\left(\frac{1}{a}\frac{da}{d\eta}\right)^2 = \frac{6c^2}{a^2\eta^2}.$$

§4.8で流体の運動に関する基礎方程式を導き出したが，これを膨張宇宙での大きいスケールの物質の流れにあてはめることから出発する．用いる流れ速度$\boldsymbol{v}$は，物質を均質化したときその分布と共に膨張する座標系(6.11)から見たベクトルであり，もちろん$|\boldsymbol{v}|\ll c$が十分満たされている．

時空の座標の関数である物質密度をρと書けば，連続の式は(4.52)の代りに

$$\frac{1}{a^3}\frac{\partial}{\partial t}(a^3\rho)+\frac{1}{a}\frac{\partial}{\partial \boldsymbol{x}}\cdot(\rho\boldsymbol{v}) = 0 \tag{6.13}$$

となる．ここに

$$\frac{\partial}{\partial \boldsymbol{x}} = \left(\frac{\partial}{\partial x},\ \frac{\partial}{\partial y},\ \frac{\partial}{\partial z}\right).$$

このことは，第2項が消えるとき$a^3\rho$が不変に保たれることから明らかであろう．

Eulerの方程式は，Newtonポテンシャルをϕとして

$$\frac{1}{a}\frac{\partial}{\partial t}(a\boldsymbol{v})+\left(\boldsymbol{v}\cdot\frac{1}{a}\frac{\partial}{\partial \boldsymbol{x}}\right)\boldsymbol{v}+\frac{1}{a}\frac{\partial\phi}{\partial \boldsymbol{x}} = 0 \tag{6.14}$$

となる．ここにスケールの大きい流れを考えて，圧力による項$(1/\rho a)\partial P/\partial \boldsymbol{x}$を省略してある．第1項が$\partial\boldsymbol{v}/\partial t$にならないことは，つぎのように考えれば理解できよう．滑らかな風船の表面を質点が自由にすべっているとき，その風船の半径を大きくしてゆくと，質点の速度と半径との積が一定に保たれる．いいかえれば保存される量は速度ではなく任意の定点のまわりの速度モーメントにほかならない．（なお§6.2の問題2を参照.）

Newtonポテンシャルϕについては，$\rho-\bar{\rho}$がその源になるから，

$$\frac{1}{a^2}\frac{\partial}{\partial \boldsymbol{x}}\cdot\frac{\partial}{\partial \boldsymbol{x}}\phi = 4\pi G(\rho-\bar{\rho}) \tag{6.15}$$

が成り立つ．ここで

$$\frac{\rho}{\bar{\rho}} = \rho^*,\quad \frac{\phi}{4\pi G\bar{\rho}} = \phi^*$$

とおけば

$$\frac{1}{a^2}\frac{\partial}{\partial \boldsymbol{x}}\cdot\frac{\partial}{\partial \boldsymbol{x}}\phi^* = \rho^*-1 \tag{6.16}$$

を得る．

連続の式(6.13)に $1/\bar{\rho}$ を乗じ，$a^3\bar{\rho}$ が一定であることを用いて

$$\frac{\partial \rho^*}{\partial t}+\frac{1}{a}\frac{\partial}{\partial \boldsymbol{x}}\cdot(\rho^*\boldsymbol{v}) = 0$$

を得る．第2項に $(4\pi G\bar{\rho})^{-1/2}$ を乗じ

$$\boldsymbol{v}/\sqrt{4\pi G\bar{\rho}} = \boldsymbol{v}^*$$

とおき，第1項には同じ量 $a\eta/\sqrt{6}\,c$ を乗じ $cdt=ad\eta$ により時間座標を η へ変えれば，

$$\frac{1}{\sqrt{6}}\eta\frac{\partial \rho^*}{\partial \eta}+\frac{1}{a}\frac{\partial}{\partial \boldsymbol{x}}\cdot(\rho^*\boldsymbol{v}^*) = 0 \tag{6.17}$$

となる．

同様にして，Euler の方程式は

$$\frac{1}{\sqrt{6}}\eta^2\frac{\partial}{\partial \eta}\frac{\boldsymbol{v}^*}{\eta}+\left(\boldsymbol{v}^*\cdot\frac{1}{a}\frac{\partial}{\partial \boldsymbol{x}}\right)\boldsymbol{v}^*+\frac{1}{a}\frac{\partial \phi^*}{\partial \boldsymbol{x}} = 0 \tag{6.18}$$

へと変形される．

(6.16), (6.17), (6.18) からなる連立偏微分方程式を解くには，物質分布の対称性に関して適当な条件をつけることが有効である．

まず様子を見るために，1次元のモデルを採用すれば

$$\frac{1}{\sqrt{6}}\eta\frac{\partial \rho^*}{\partial \eta}+\frac{1}{a}\frac{\partial}{\partial x}(\rho^* v^*) = 0,$$

$$\frac{1}{\sqrt{6}}\eta^2\frac{\partial}{\partial \eta}\frac{v^*}{\eta}+\frac{v^*}{a}\frac{\partial v^*}{\partial x}+\frac{1}{a}\frac{\partial \phi^*}{\partial x} = 0,$$

$$\frac{1}{a^2}\frac{\partial^2 \phi^*}{\partial x^2} = \rho^*-1.$$

密度の極大の位置を $x=0$ にとれば，その近くで ρ^*, $x^{-1}v^*$, $x^{-1}\partial\phi^*/\partial x$ は η だけの関数であり，これらの関数はつぎの常微分方程式の解となる：

$$\frac{1}{\sqrt{6}}\eta\frac{d\rho^*}{d\eta}+\rho^*\frac{v^*}{ax}=0,$$

$$\frac{1}{\sqrt{6}}\frac{d}{d\eta}\left(\eta\frac{v^*}{ax}\right)+\left(\frac{v^*}{ax}\right)^2+\rho^*-1=0,$$

ここに $x^{-1}\partial\phi^*/\partial x$ が消去されている．$\rho^*=1$ から出発して時間の経過につれて大きくなる解は

$$\rho^*=1+\eta^2+\eta^4+\eta^6+\cdots$$

の形に求まる．ここに一般性を失うことなく，η^2 の係数を1にとってある．書き換えて

$$(\rho^*)^{-1}=1-\eta^2.$$

平均密度 $\bar{\rho}$ は η^{-6} に比例して減少するから，$d\rho/d\eta=0$ となる“臨界状態”は

$$\frac{d}{d\eta}[\eta^6(\rho^*)^{-1}]=0 \tag{6.19}$$

から求まる．1次元モデルでは，$\eta^2=3/4$ でこの状態となり，このときの**臨界密度比**(critical density ratio)は

$$\rho^*_{\mathrm{crit}}=4$$

と求まる．

最も現実的なモデルは，球対称を保ちながら物質が集まってくる有様であろう．密度の極大点を $r\equiv(x^2+y^2+z^2)^{1/2}=0$ にとれば

$$\frac{1}{\sqrt{6}}\eta\frac{\partial\rho^*}{\partial\eta}+\frac{1}{ar^2}\frac{\partial}{\partial r}(r^2\rho^*v^*)=0,$$

$$\frac{1}{\sqrt{6}}\eta^2\frac{\partial}{\partial\eta}\frac{v^*}{\eta}+\frac{v^*}{a}\frac{\partial v^*}{\partial r}+\frac{1}{a}\frac{\partial\phi^*}{\partial r}=0,$$

$$\frac{1}{ar^2}\frac{\partial}{\partial r}\left(\frac{r^2}{a}\frac{\partial\phi^*}{\partial r}\right)=\rho^*-1.$$

密度の極大点の附近で ρ^*, $r^{-1}v^*$, $r^{-1}\partial\phi^*/\partial r$ が η だけの関数であることを考慮して

$$\frac{1}{\sqrt{6}}\eta\frac{d\rho^*}{d\eta}+3\rho^*\frac{v^*}{ar}=0,$$

$$\frac{1}{\sqrt{6}}\frac{d}{d\eta}\left(\eta\frac{v^*}{ar}\right)+\left(\frac{v^*}{ar}\right)^2+\frac{1}{3}(\rho^*-1)=0.$$

これから

$$\rho^*=1+\eta^2+\frac{17}{21}\eta^4+\frac{341}{567}\eta^6+\frac{55805}{130977}\eta^8+\cdots$$

あるいは

$$(\rho^*)^{-1}=1-\eta^2+\frac{4}{21}\eta^4+\frac{10}{567}\eta^6+\frac{460}{130977}\eta^8+\cdots$$

そして結局，球対称の物質分布における臨界密度比として

$$\rho^*_{\rm crit}=5.5 \qquad (6.20)$$

が得られる．1次元モデルでの値を参照して，この $\rho^*_{\rm crit}$ の値は，濃くなってゆく領域の形に大してよらないことがわかる．

広島大学理論物理学研究所の富田憲二氏は，この結果に興味をもち，見事な数理的方法で，この値が厳密には

$$\left(\frac{3\pi}{4}\right)^2=5.551$$

であることを示してくれた．*

宇宙をほとんど一様に満たしていた物質に，濃いところとうすいところとができたとすると，濃淡の違いはだんだん著しくなる．そして，ある程度に達すると，その後は濃いところが急激に収縮して星雲になる．それでは，物質の濃いところとうすいところとが，初めどのようにしてできたのだろうか？

初期の宇宙を満たしていた気体のような物質は，温度や圧力が高くいたるところ渦を巻いていたに違いない．宇宙がふくらんで圧力が下るにつれ，遠心力は物質を渦の外側へ多少押し出す．このようにして，渦と渦との間は物質がわずかながら濃くなり，渦の真ん中あたりはわずかながらうすくなったのであろう．わが銀河系やアンドロメダ星雲をはじめ，多くの星雲が回転しているのは，宇宙の初期の渦の名残りと考えられる．

---

* K. Tomita : Progress Theor. Phys. Kyoto **42**, 6 (1969). 別証として K. Sakai and T. Kihara : Publ. Astr. Soc. Japan **32**, 1(1970).

§6.4　星雲のむらがり

二酸化炭素 CO_2 の臨界温度は 31°C である．この温度以上では，どんなに圧縮しても気体の密度は連続的に濃くなるだけである．この温度より多少下で圧力を高くしてゆくと，ある圧力の値で，容器の底から液体へと変わってゆく．ではちょうど臨界温度で，圧力をどんどん高くしてゆくとどうなるだろうか？

72.8 気圧で気体とも液体ともつかない境目の状態に達するのである．この**臨界状態**よりさらに圧力を増すと，圧縮された液体に似た安定な状態になる．

臨界状態では，大きいスケールで見れば分子は一様に分布するが，小さいスケールでは数十，数百の分子があちこちにむらがっている．多数の分子がむらがっているところは光を著しく散乱するため，臨界状態の二酸化炭素は無色透明ではなく，モヤモヤとして白っぽく見える．これが，一般に**臨界タンパク光**と呼ばれる現象である．

臨界状態の二酸化炭素では，1 辺の長さ 5.4 Å の立方体に平均 1 個の分子がある．いいかえれば，1 辺 1 Å の立方体を考えたとき，その中に分子の中心が存在する確率は 0.0064 である．

勝手に一つの分子に着目しよう．図 6.3 のように，その位置から r の距離に

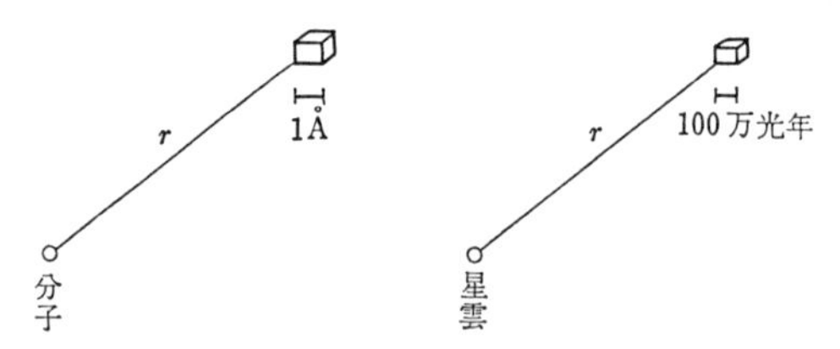

図 6.3　臨界状態で分子はむらがる(左)．この宇宙で星雲はむらがる（右)．

このような 1 辺 1 Å の立方体を考えるとき，その立方体の中に他の分子が存在する確率は 0.0064 より大きいに違いない．これは分子が，たがいの引力のため，むらがる傾向を示すはずだからである．この確率を

$$0.0064[1+f(r)]$$

とおく．ここに $f(r)$ は距離 r の関数で，分子のむらがる有様を特徴づける量である．上に扱った臨界状態では，$f(r)$ が $1/r$ に比例することが理論的にわか

っている.

さて，この宇宙における星雲の分布が臨界状態における分子の分布にいかにも似ていることに目を向けよう．大きいスケールで見れば無数の星雲が宇宙を一様に満たしているが，やや小さいスケールでながめれば，数十個，数百個がむらがっている所があちこちにある.

図6.4は，おとめ座に見られる星雲のむらがりである．これも東京天文台木曾観測所のSchmidt望遠鏡による撮影で，原乾板の一部からの原寸コピーである．観測所の記録によれば，撮影は1979年3月25日，22時47分から23時37分まで50分間の露出でおこなわれた．なお，この写真で輪郭のはっきりした小さい点は恒星であるから，星雲と混同しないよう注意を要する.

この宇宙を平均してみれば，1辺1000万光年の立方体に大体1個の割合で星雲がある．いいかえれば，1辺100万光年の立方体を考えると，その中に星雲(の中心)が存在する確率は0.001である.

勝手に一つの星雲に着目しよう．その位置からrの距離にこのような1辺100万光年の立方体を考えるとき，この立方体の中に他の星雲が存在する確率は0.001より大きいに違いない．これは星雲が，たがいの引力のため，むらがる傾向を示すからである．この確率を

$$0.001[1+g(r)]$$

とおけば，$g(r)$は星雲のむらがる有様を特徴づける量である.

関数$g(r)$はつぎのように決定された(東辻・木原，1969):*

$$g(r)=\left(\frac{r_0}{r}\right)^{1.8}, \qquad r_0=1500\text{万光年}.$$

r_0はアンドロメダ星雲までの距離の7倍に近い.

任意に一つの星雲に着目したとき，そこからr_0の距離では，他の星雲の存在する確率が平均値から期待される値の2倍に等しいのである．この意味で，r_0を星雲がむらがるサイズを代表する長さと解釈することができる.

アメリカのLick天文台でとった一連の写真には，19等より明るいおびただ

* H. Totsuji and T. Kihara : Publ. Astr. Soc. Japan **21**, 221(1969).

図6.4　おとめ座に見られる星雲のむらがり．東京天文台木曾観測所の撮影．6 cm＝1°.

しい数の星雲が，普通の星々にまじって写っている．天空を1°×1°の細かい網の目に分け，そのおのおのに写っている星雲の数をかぞえて記録した結果がある(Shane-Wirtanen, 1967)．大体の様子を知るために，そのごく一部を転載しよう：

28	53	72	51	30	26
23	45	45	41	62	37
43	35	55	67	61	38
57	39	44	98	106	45
34	31	45	41	73	24
26	34	44	43	55	34

上の関数 $g(r)$ は，この記録にもとづいて決められたものである．いいかえれば，天球上の分布から宇宙の3次元空間におけるむらがりを定めたものである．

§6.5　むらがりゆく過程

前節で述べたように，星雲はむらがる傾向を示している．これが現在の宇宙の姿である．そこで，単純な仮定から出発して，星雲のむらがりが自然に出てくるかどうかを問題としよう．

最も簡単な仮定として，つぎのように考える．無数の星雲が生れたとき，その位置はランダム，すなわちデタラメ，に散らばり，宇宙がふくれてゆくことを別として，それらは動いていなかったとする．すべての星雲が等しい質量の小球であると理想化すれば，仮定された初期の条件から，その後の変化が求められるはずである．普通の力学と異なるところは，ふくらんでゆく宇宙の中で万有引力を受けながら運動する無数の小球を追うことである．電子計算機を用いて，この仕事はおこなわれた(三好・木原，1975)．*

膨張宇宙のスケール因子を $a(t)$ とおき，ds^2 の空間部分を

$$-a^2(dx^2+dy^2+dz^2)$$

* K. Miyoshi and T. Kihara : Publ. Astr. Soc. Japan **27**, 333(1975).

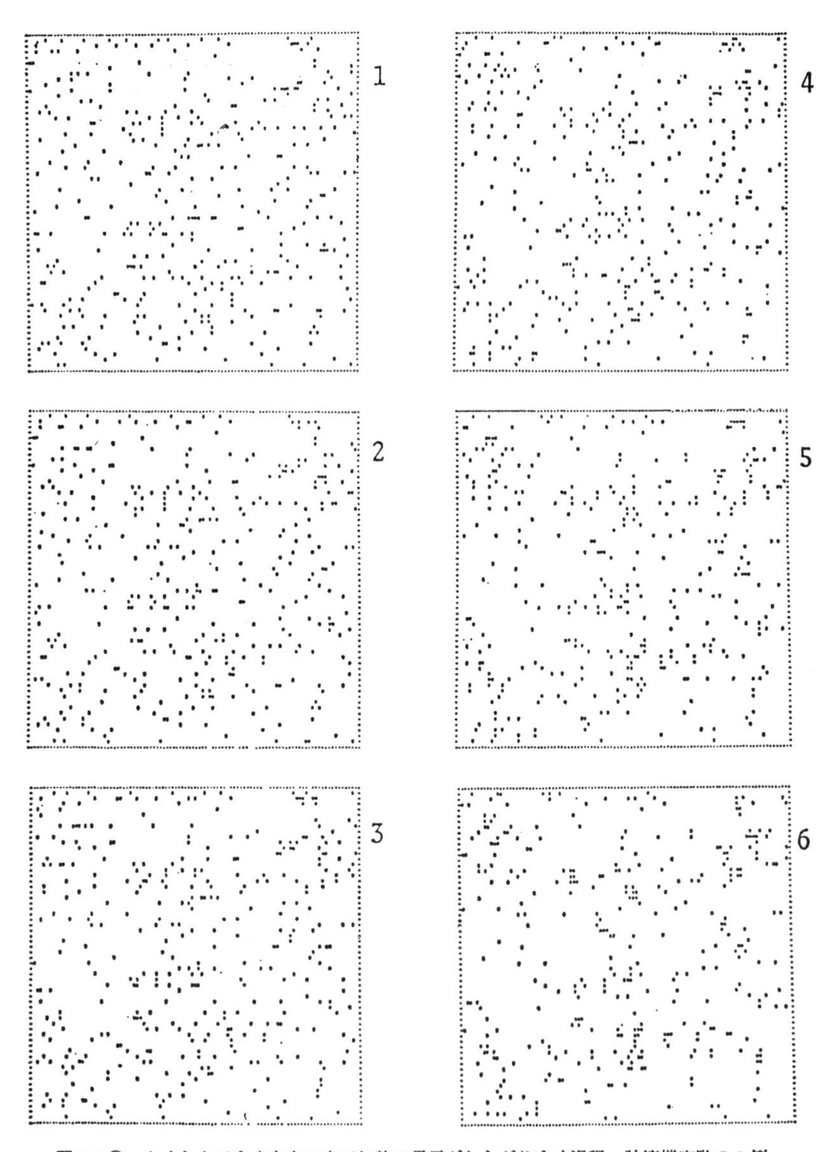

図6.5①　ふくらんでゆく宇宙の中で無数の星雲がむらがりゆく過程．計算機実験の1例．

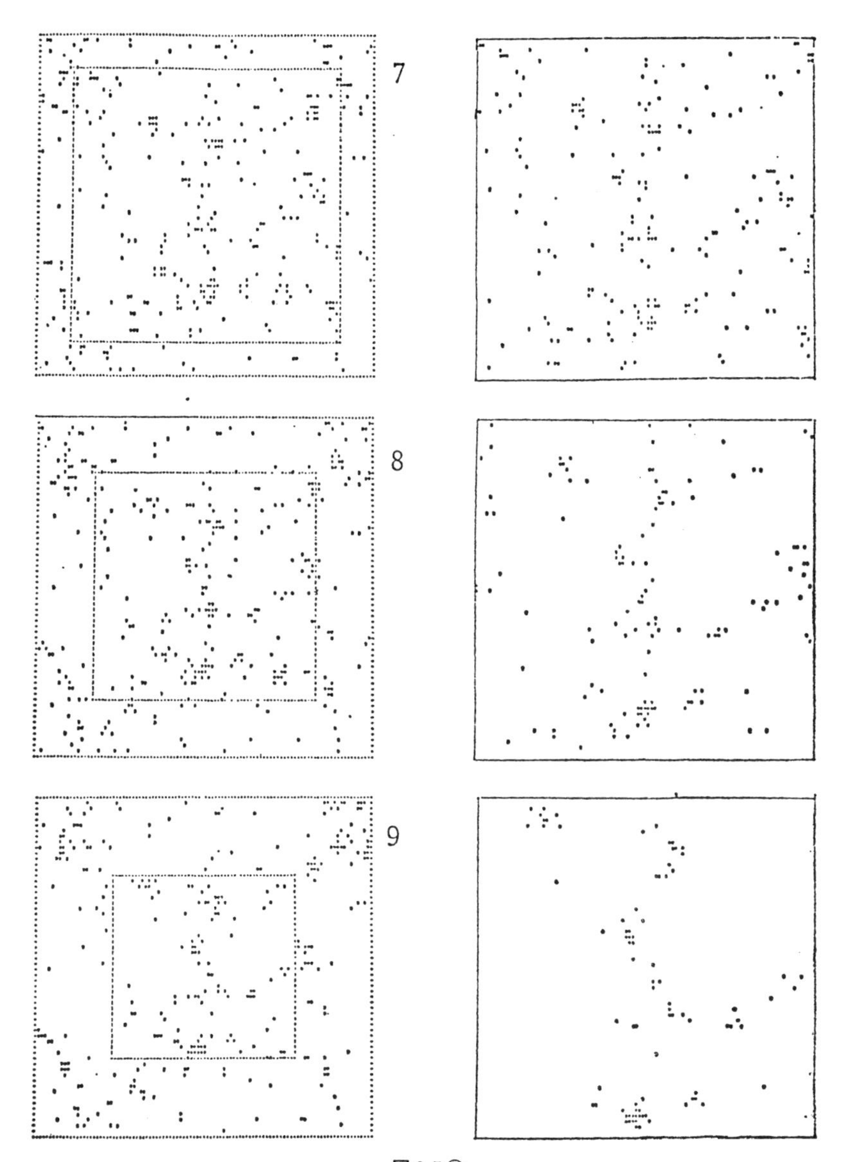

図 6.5 ②

とおく，a が $t^{2/3}$ に比例することは知れている．$\boldsymbol{x}=(x, y, z)$ とおけば，この座標系で i 番目の星雲の座標 $\boldsymbol{x}_i$ と速度 $\boldsymbol{v}_i$ との関係は

$$\boldsymbol{v}_i = a\frac{d\boldsymbol{x}_i}{dt} \tag{6.21}$$

である．星雲のおのおのの質量を一定値 m とおけば，星雲 i の運動方程式は

$$\frac{1}{a}\frac{d}{dt}(a\boldsymbol{v}_i) = \frac{Gm}{a^2}\sum_{j\neq i}\frac{\boldsymbol{x}_j-\boldsymbol{x}_i}{|\boldsymbol{x}_j-\boldsymbol{x}_i|^3} \tag{6.22}$$

である．ここに右辺は他の星雲からの引力を表わし，左辺は，力がはたらかないとき $a\boldsymbol{v}_i$ が保存されることを意味している．

計算機で数値的に解くには，変数や関数を無次元量にしておくことが望ましい．時間 t の代りに，ある単位 t_0 により新しい時間変数

$$t' = \frac{1}{3}\ln\frac{t}{t_0}, \quad dt' = \frac{dt}{3t}$$

を導入し，速度 $\boldsymbol{v}_i$ の代りに新しい速度

$$\boldsymbol{v}_i' = \frac{d\boldsymbol{x}_i}{dt'} = \frac{3t}{a}\boldsymbol{v}_i$$

を用いる．そうすれば方程式(6.22)は次のように変形される：

$$\frac{d\boldsymbol{v}_i'}{dt'}+\boldsymbol{v}_i' = \frac{9t^2Gm}{a^3}\sum_{j\neq i}\frac{\boldsymbol{x}_j-\boldsymbol{x}_i}{|\boldsymbol{x}_j-\boldsymbol{x}_i|^3}.$$

ここに右辺の係数は時間によらない定数である．

(x, y, z) 空間の単位体積中の星雲の数の平均を1にとる．そうすれば宇宙の平均密度は m/a^3 に等しく，(6.8)により

$$6\pi t^2Gm/a^3 = 1$$

である．従って数値計算の基礎となる方程式は次の形になる：

$$\frac{d\boldsymbol{v}_i'}{dt'}+\boldsymbol{v}_i' = \frac{3}{2\pi}\sum_{j\neq i}\frac{\boldsymbol{x}_j-\boldsymbol{x}_i}{|\boldsymbol{x}_j-\boldsymbol{x}_i|^3}, \quad \boldsymbol{v}_i' = \frac{d\boldsymbol{x}_i}{dt'}.$$

宇宙全体を仮に立方体の形をした“細胞”の周期的な集まりと見なし，各細胞の中に400個の星雲を入れる．(x, y, z) 空間では，単位体積中の星雲の数の平均を1にとってあるから，立方体の辺の長さは $(400)^{1/3}$ である．星雲がランダムに分布している初期 $(t'=0)$ には，むらがりはゼロであるが，時間がたつに

つれて，星雲はむらがり始める．

計算機を用いるこのような“実験”を幾回も繰り返す．図6.5にその一例を掲げよう．計算はもちろん3次元の空間でおこなうのであるが，結果を2次元に投影したものがこの図である．過程をいみする1から9までの数は$10t'$の値に等しくとってある．1から6までの過程では，実際はだんだんふくらむ細胞を等しいスケールで描いてある．7から9までの左側も同様であるが，細胞の内部にワクで囲ってある部分が，実際は同じサイズに保たれているのである．この部分の立方体の投影を7,8,9の右側に示してある．8または9になると，図6.4に現われている現在の宇宙の特徴がはっきり見られる．

エピローグ　結晶の空間群と宇宙の空間形

§7.1　分子結晶の構造と空間格子

窒素やアルゴンのような気体も温度を十分に下げると液体になる．これは分子間に引力がはたらいていることの現われである．気体の状態では，分子の運動が激しく，引力に打ち勝って分子はほとんど自由に飛び動く．温度が下がって分子の運動がにぶくなると，分子間の引力の影響が現われて，分子は集まり，液体となる．液体の状態では，分子は触れ合いながら動きまわることができる．

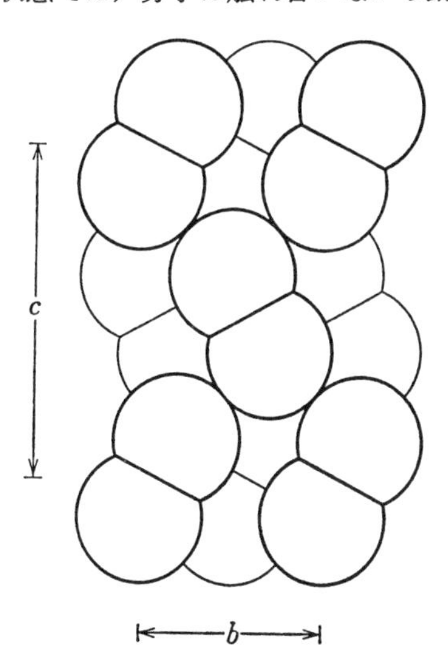

図 7.1　塩素 Cl_2，臭素 Br_2，ヨウ素 I_2 に共通の結晶構造．b，c はその方向の 1 周期の長さ．

分子の運動がさらににぶくなると，分子は規則正しく配列した一定の位置を中心として振動するだけになる．これが結晶であるが，この種の結晶を，金属結晶やイオン結晶と区別して，**分子結晶**という．結晶の中で分子が配列するありさまを**結晶の構造**という．

塩素 Cl_2 は黄緑色で刺激臭のある有毒な気体である．-34.1°C で淡黄色の液体となり，-101°C で黄白色の結晶になる．臭素 Br_2 は赤褐色の液体であり，-7.3°C で褐色の結晶になる．ヨウ素 I_2 は暗紫色の金属光沢のある結晶である．図 7.1 にこれら重い(すなわちフッ素以外の)ハロゲンに共通の結晶構造を示す．もちろんこの規則性を保って前後・左右・上下に続いているものの単位となる部分を描いてある．この結晶構造では，分子は軸を紙面に平行にして，できるだけ密着するように配列している．

分子のこのような配列の規則性を言い表わすにはどうしたらよいだろうか？ ちょっと考えると，分子の中心の位置がどう並んでいるかに目をつけたくなるかも知れない．しかし一般の分子には必ずしも中心があるわけではないので，“中心の形成する模様” はほとんど意味をもたないのである．そこで，つぎのように考える．

重いハロゲンの結晶構造の図について，同じ方向にある分子のすべてに着目する．正確にいえば，一つの分子から平行移動で重ね合わすことのできるすべての分子に着目する．たとえば，図の左下と右上とを結ぶ方向に平行な分子だけに着目する．これらの分子の対応する点――たとえば右上の原子の核の位置――の全体がつくる規則的な模様を**空間格子**(または基本となる空間格子)という．

このような空間格子は全部で 14 種あり，それらを図 7.2 に示す．前の図 7.1 はこのうち斜方格子の C にほかならない．

空間格子のこの図は，描かれている平行六面体が前後・左右・上下に続いていることを意味する．この平行六面体が立方体のときが立方格子であり，直方体のときが斜方格子である．“斜” とは，“対角線が斜めに交わる” ことに関係があり，実際，結晶の外形には斜めに交わる面がしばしば現われる．記号 P は

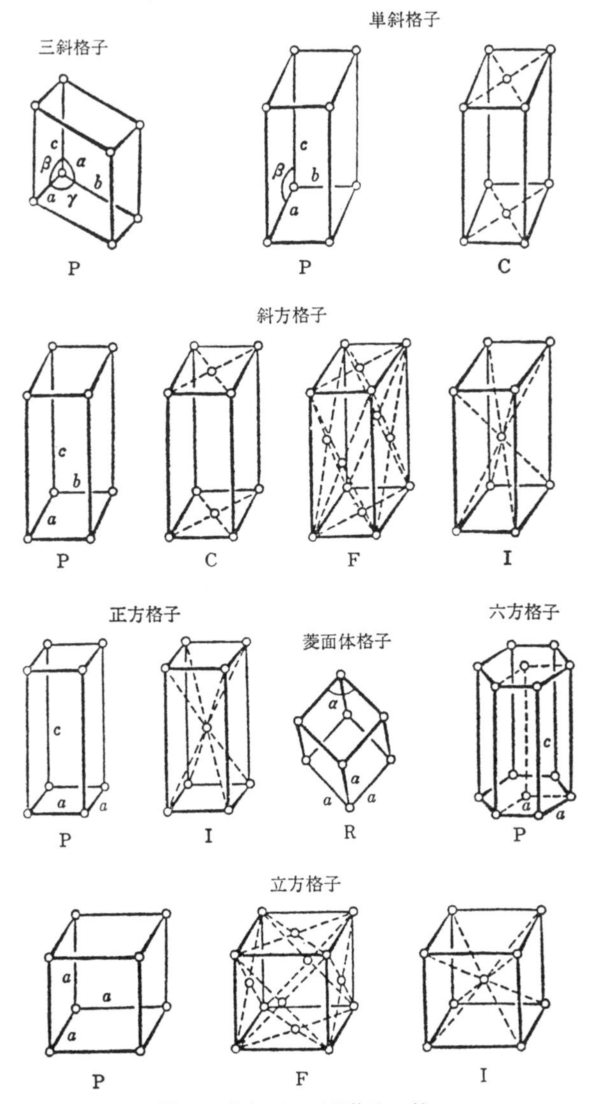

図 7.2　基本となる空間格子 14 種.

primitive(単純)，F は face-centered(面心)，I はドイツ語の Innenzentrum(体心)，C は C-base centered(C 底心)，R は rhombohedral (菱面体の)にそれぞ

れ由来する．斜方格子のP, Cなどは単純斜方格子，底心斜方格子などと呼ばれる．例えば図7.1は底心斜方格子を空間格子とする一構造である．

なお，P, Cなどの記号は，次節に述べるように，空間群の記号の一部に用いられる．

§7.2　空間群の記号

一般に一つの結晶構造について，分子の配列をもとの配列と全く重ねるような変換を**対称変換**(symmetry transformations)という．

一つの面での鏡映が対称変換に含まれているとき，その面を**鏡映面**(mirror plane)といい，記号 m で示す．

一つの軸のまわりの角 $2\pi/n$ の回転が対称変換に含まれているとき，その軸を n 次の回転対称軸または $\boldsymbol{n}$ **回軸**といい，$n=2, 3, \cdots$ に対応して記号 $2, 3, \cdots$ を用いる．一つの軸のまわりに角 $2\pi/n$ だけ回転すると同時に軸上の一点に関して反転することが対称変換に含まれているとき，この軸を n 次の**回反軸**(rotary-inversion axis)といい，$n=1, 3, 4$ 等に対応して記号 $\bar{1}, \bar{3}, \bar{4}$ 等で示す．$\bar{2}$ は鏡映面に対等であるから，特に必要はない．$\bar{1}$ は**対称の中心**があることをいみする．

一つの面に平行に或る距離だけ移動すると同時にこの面で鏡映をとることが対称変換に含まれているとき，この面を**映進面**(glide-reflection plane)という．このさい，平行移動が a 軸の方向にあり移動距離が周期の半分に等しいとき，これを a 映進面といい，記号 a で示す．b 映進面や c 映進面も同様に定義される．また平行移動が面対角線の方向にあって，移動距離が対角周期の半分に等しいとき，**対角映進面**といい，この対称性が網目模様に現われるので net にちなむ記号 n で示す．

一つの軸のまわりに角 $2\pi/n$ だけ回転すると同時にこの軸に沿って周期の p/n $(p=1, 2, \cdots, n-1)$ だけ移動させることが対称変換に含まれているとき，この軸を n 次の**ラセン軸**(screw axis)と呼び，n_p の値 $2_1, 3_1$ 等を記号として用いる．

結晶構造の対称性を完全に言い表わすものが**空間群**(space group)である．

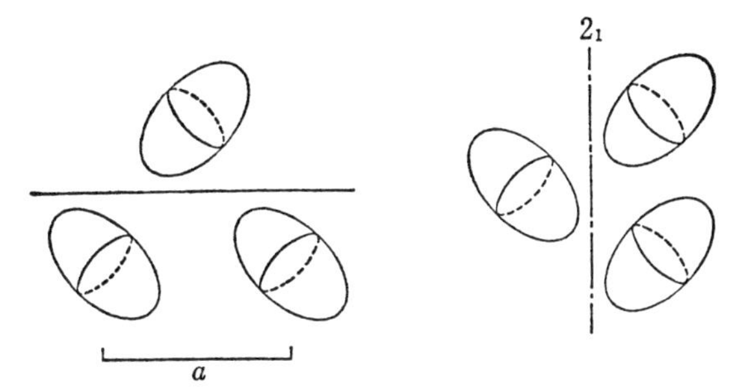

図 7.3　a 映進面と2次ラセン軸 2_1.　図 7.11 に 2_1 とこれに垂直な c 映進面が現われている.

すなわち，一つの結晶構造について対称変換の全体がつくる群を空間群という．図 7.1 の構造の空間群は $C2/m\ 2/c\ 2_1/a$ であるが普通には簡略記号で $Cmca$ と書かれる．この記号はつぎのことを意味する：空間格子が C 底心の斜方格子で，a 軸方向に2回軸これに垂直に鏡映面があり，b 軸方向に2回軸これに垂直に c 映進面があり，c 軸方向に2次のラセン軸これに垂直に a 映進面がある．一般に最初の大文字で空間格子の単純(P)，体心(I)などの区別を示し，これに続けて対称要素を約束された順に並べる．

§7.3　分子モデルで再現される空間群の例*

ドライアイスは二酸化炭素の細かい結晶を押し固めたものである．二酸化炭素分子 CO_2 の構造式は

$$O=C=O$$

と書かれる．この分子は軸対称で，軸上に酸素原子，炭素原子，酸素原子のそれぞれの原子核が等間隔に位置し，これらを電子が取り巻いている．分子の形はタワラ形，すなわち両端をまるめた円柱，に近い．もちろん原子核の正電荷の総量と電子の負電荷の総量とは打ち消して，分子は中性である．しかし，分子の表面で電荷が一様に打ち消しているわけではない．

一つの分子の中で，原子の種類によって電子を引きつける傾向に大小がある．元素周期表の右上にある

*　木原太郎：『分子間力』(岩波全書，1976)第9章.

N　O　F

Cl

の原子は電子を引きつける力が強いのである．二酸化炭素O=C=Oでは両端に電子による負電気，したがって中程に正電気がよけいに集っている．このように分子の表面に正電気の極と負電気の極とが，分子に固有の対称性をそなえながら分布しているとき，分子は電気的な**多重極**をもつという．

このようにCO_2分子は強い多重極をもっている．多重極間の力は，分子間の通常の引力と異なり，両分子の向きによって引力にも斥力にもなるので，気体や液体の状態では平均されて効果がほとんど現われない．しかし結晶の状態では，引力になる向きをできるだけとるように分子が配列するに違いない．このことは次のようにして確められる．

分子の電気的な多重極を磁気的な多重極でおきかえるような分子モデルを考案する．この分子モデルは，フェライト磁石と必要ならばプラスチック片とを適当に組み合せて作る．二酸化炭素では，図7.4のように，2個の磁石を向い合せに接着剤でつけ，両端にプラスチック片をつけて形を実際の分子の形に近くしておく．

この分子モデルを多数(たとえば14個)寄せ集めて造られる構造が図7.5で，これが二酸化炭素の実際の結晶構造にほかならない．同じ方向にある分子のみに着目すると，それらは単純立方格子を形成している．そして任意の分子の方向は，この立方格子の4本の対角線方向のどれかに一致する．

この結晶構造の対称性を示す空間群は$Pa3$である．ここに記号$a3$は，格子の軸に垂直にa映進面があり，対角線方向に3回軸があることを意味する．

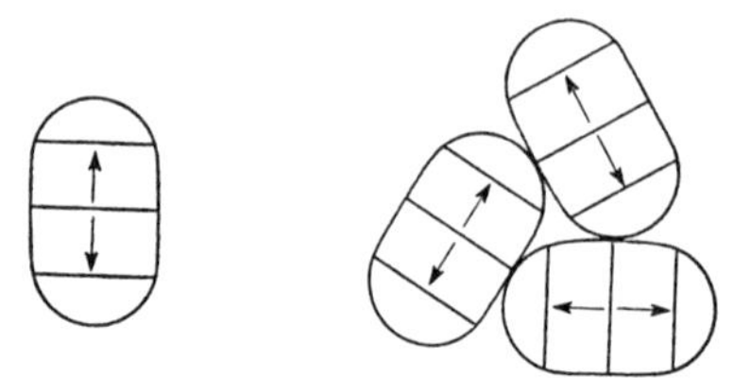

図7.4　CO_2分子のモデル．

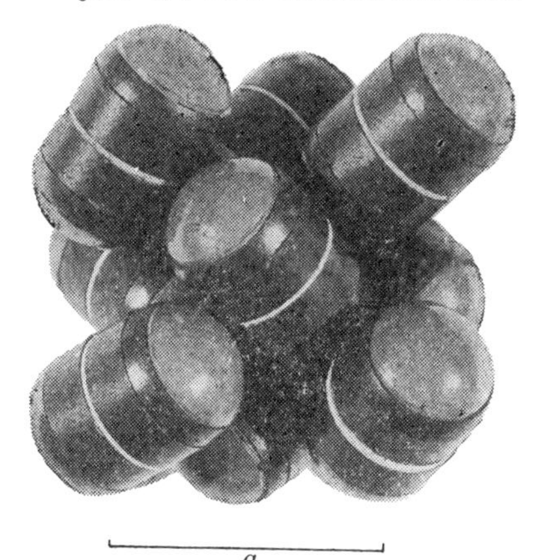

図7.5　二酸化炭素の結晶構造 $Pa3$. 分子の軸が正しく対角線の方向にないのは端の影響.

二酸化炭素の分子の形が細長いことは，その結晶構造 $Pa3$ とは関係ない．むしろ，この分子の形が球から大して異なっていないことが寄与しているのである．球を少し扁平にした形の分子について，同じ結晶構造の例を見よう．

ベンゼン C_6H_6 は無色の液体で，石油精製工業で大量に生産され，溶媒としてまた一層複雑な化合物の原料として用途が広い．白金を触媒としてベンゼンに水素を付け加えるとシクロヘキサン C_6H_{12} になる：

$$\begin{array}{ccc} & CH & \\ CH & & CH \\ CH & & CH \\ & CH & \end{array} \; + \; 3H_2 \longrightarrow \begin{array}{ccc} & CH_2 & \\ CH_2 & & CH_2 \\ CH_2 & & CH_2 \\ & CH_2 & \end{array}$$

シクロ(cyclo-)とは“環状に連なった”という意味である．シクロヘキサンも溶媒として用いられる．

この分子はほぼ回転楕円体の形をしている．12個のH原子のうち6個はこの楕円体の周辺に位置し，他の6個は半数ずつ上下の面に分かれて位置する．周辺にある6個の水素原子を塩素原子で置きかえて得られる分子 $C_6H_6Cl_6$ (図7.6)を β-ヘキサクロロシクロヘキサン(β-hexachlorocyclohexane)という．この分子の形状も回転楕円体に近く，いわばふくらんだ“どら焼き”のようである．Cl原子は電子を引きつける傾向が強いから，分子の周辺に負電気が集り，

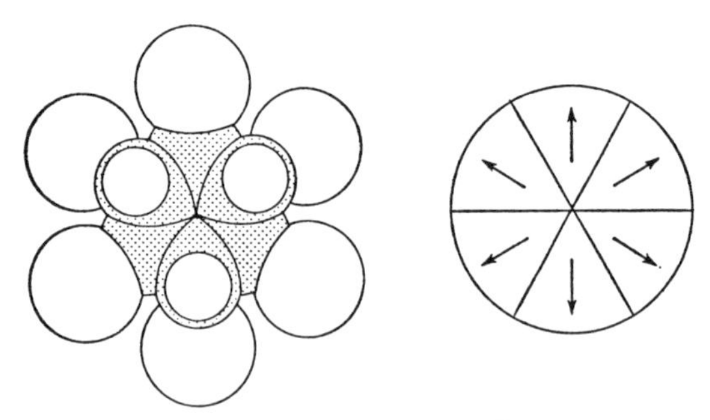

図 7.6　β-ヘキサクロロシクロヘキサン $C_6H_6Cl_6$ 分子の形とモデル.

したがって上下面に正電気が多い.

この電気的な多重極を磁気的な多重極で表現するモデルを作るには，つぎのようにすればよい．平たい回転楕円体(軸比 2:1)を 6 等分した形のフェライトを多数製造し，放射状に磁化し，6 個ずつ楕円体の形に接着する．この分子モデルを多数寄せ集めて得られる構造(図 7.7)こそ，この分子の結晶構造にほかならない．この構造が二酸化炭素の結晶構造 $Pa3$ と全く同じであることは，図 7.5 の中央の分子を図 7.7 の左端の分子に対応させてながめれば明らかである.

ベンゼンの結晶構造はこれとは異なる．この分子

a

図 7.7　β-ヘキサクロロシクロヘキサンの結晶構造 $Pa3$.

では，分子面の上下におのおの3個ずつの電子がほぼ環状に分布しており，このことから，分子面の上下に負電気が多く，したがってその間の周囲に正電気が多い．

試みに図7.8のような分子モデルを作ると実際の結晶構造が再現される．このモデルは，プラスチックの薄い円板を磁石の間にはさむことによって，6個のH原子による“出っ張り”の効果を取り入れてある．もしこの出っ張りがなければ，立方 $Pa3$ 構造になって，実際に合わない．実際の結晶構造は，これより対称性の低い斜方の $Pbca$ である(図7.9)．この空間群の記号は $P2_1/b\,2_1/c\,2_1/a$ を簡略化したもので，つぎのことを意味する：空間格子は単純斜方，a 軸方向に2次ラセン軸これに垂直に b 映進面があり，b 軸方向に2次ラセン軸これに垂直に c 映進面があり，c 軸方向に2次ラセン軸これに垂直に a 映進面が

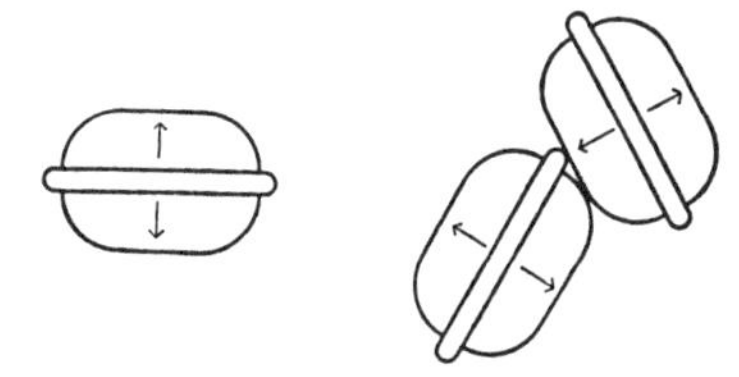

図7.8　ベンゼン C_6H_6 分子のモデル．

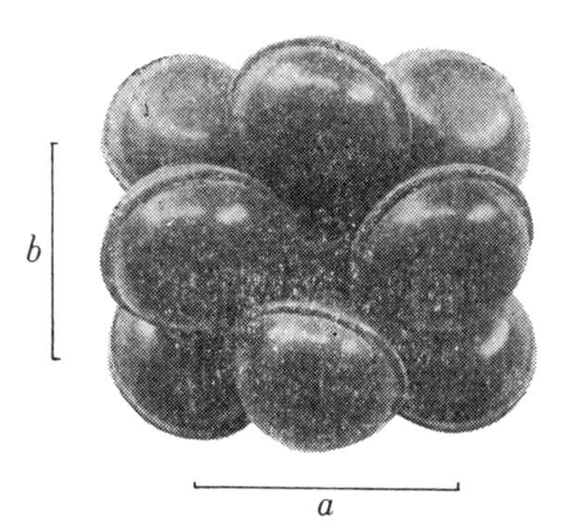

図7.9　ベンゼンの結晶構造 $Pbca$.

ある．

有機化合物の結晶は大部分が単斜結晶である．単斜格子では，§7.1に図示したように，a, c 両軸に垂直に b 軸を選ぶのが約束である．単斜結晶で最も多く現われる空間群は $P2_1/c$ で，この記号は b 軸方向に2次のラセン軸これに垂直に c 映進面があることを意味する．

エタンの対称的な2原子置換体

1, 2-dichloroethane　Cl╲CH₂╱CH₂╲Cl

は図7.10(左)のようにかなり細長い回転楕円体の形で，両端に負電気が多く，その分だけ中程に正電気が多い．図7.10(右)のような分子モデルを寄せ集め

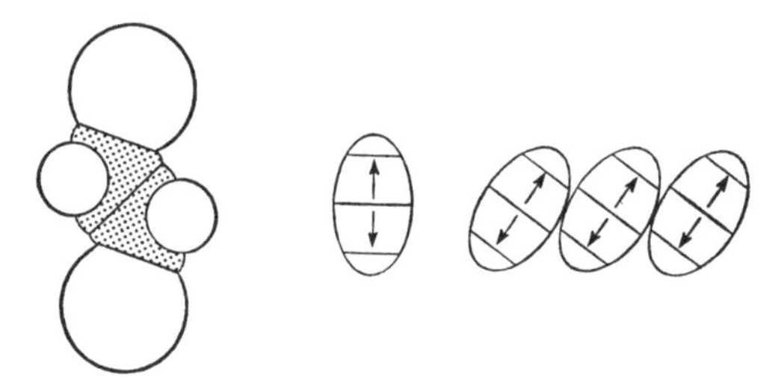

図7.10　1, 2-dichloroethane Cl CH_2CH_2Cl 分子の形とモデル．

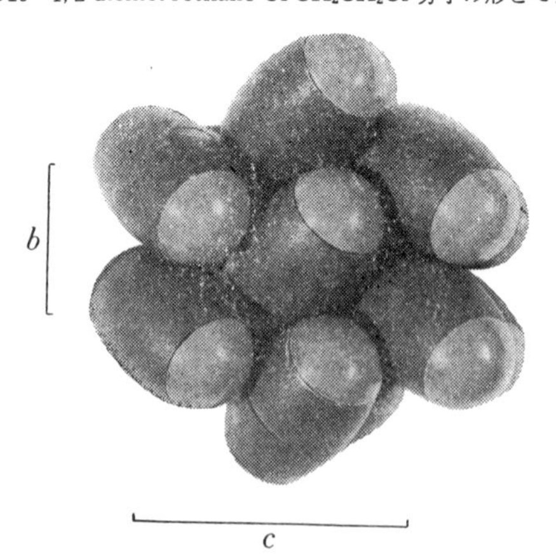

図7.11　単斜 $P2_1/c$ 構造の例．細長い分子の場合．

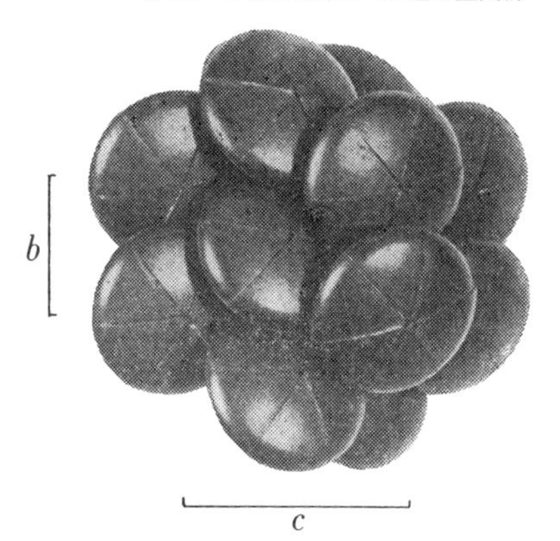

図 7.12　単斜 $P2_1/c$ 構造の例．扁平な分子の場合．

ると，実際の $P2_1/c$ 構造が再現される(図 7.11)．

　また放射状に磁化されたかなり扁平な(軸比 3:1)回転楕円体の分子モデルを寄せ集めてもこの構造が得られる(図 7.12)．これはナフタリン

にあてはまる．

　これまでに説明した空間群を

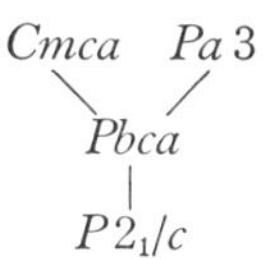

のように並べると，線で結ばれた二つについて下の群が上の群の**部分群**になっている．なおこれら 4 種の何れにも対称の中心があることを注意しておこう．このことは分子自身に対称中心があることと深いかかわりがある．

§7.4　不動点の無い 10 種の空間群

一つの空間群を考える．対称変換の一つ f で点 P が $f(P)$ に移るとき，$f(P)=P$ となる点 P があれば，P を f の**不動点**(fixed point)という．空間群に対称要素として鏡映面があればその面上の点は鏡映の不動点である．また対称の

中心があれば，その点は反転の不動点である．回転対称軸や回反軸についても同様である．どの対称変換をとっても，恒等変換を除いて，不動点が無いとき，この空間群を**不動点の無い**(fixed point free)**空間群**という．

単斜構造の $P2_1/c$ には鏡映面も回転対称軸も無いが対称中心がある．この空間群に属する分子結晶では，分子自身に対称中心がある場合が多い．ナフタリンはその例である．そのほか

anthracene

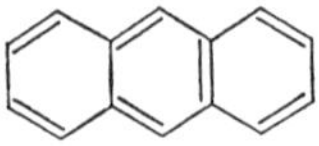

の分子にも対称の中心があり，この分子がつくる結晶構造も $P2_1/c$ である．一方これに似た

phenanthrene

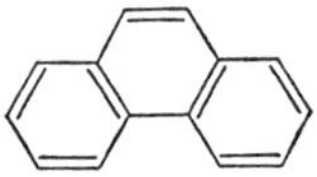

には対称の中心がない．実際，この分子のつくる結晶の空間群は，$P2_1/c$ ではなくその部分群 $P2_1$ に属し，対称中心を有しない．$P2_1$ は不動点の無い空間群の一種である．

斜方構造の $Pbca$ も同様で，鏡映面も回転対称軸も無いが対称中心がある．この構造でも分子自身に対称中心がある場合が多い．ベンゼンがよい例である．ベンゼンの置換体

1, 3, 5-trichlorobenzene

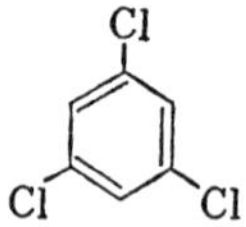

Cl

Cl　　Cl

の分子には対称の中心が無い．そしてこの分子がつくる結晶の空間群は，$Pbca$ (すなわち $P2_1/b\ 2_1/c\ 2_1/a$) の部分群 $P2_12_12_1$ に属し対称中心を有しない．これも不動点の無い空間群の一種である．

結晶空間群は 230 種ある．幸いなことに，これらは次の書に精しく図解されている：

International Tables for X-ray Crystallography, Vol. 1. Symmetry

Groups (Kynoch Press, Birmingham, England, 1969).

空間群の対称要素を描いたこのような図に頼って，対称中心，鏡映面，回転対称軸，回反軸の何れをも有しない種類を選び出すことができる．実際には，230種の空間群は32結晶群に分類され，これら32結晶群のうち11に対称中心があるから，まずこれらを取り除き，残り21について調べればよい．こうして次の結果が得られる．

不動点の無い空間群は，ラセン軸の右まわりと左まわりとを区別しなければ，10種に限られる．そのうち映進面をもたないものは

$P1$(三斜)，$P2_1$(単斜)，$P2_12_12_1$(斜方)，$P4_1$(正方)，$P3_1$(三方)，$P6_1$(六方)

の6種である．参考のために$P1, P2_1, P4_1, P3_1, P6_1$の図解を上記の書から取って図7.13に載せておく．ここに$P1$は三斜格子の軸方向に格子定数の整数倍だけ動かす以外には対称変換が無いことを意味する．また$P3_1$のPは，$P6_1$と同様に，六方格子である．

どれがどれの部分群であるかを示せば，次の通りになる：

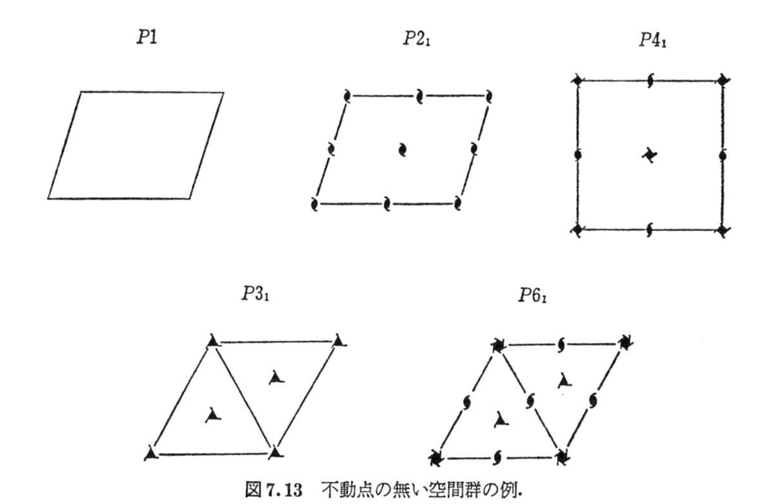

図7.13　不動点の無い空間群の例．

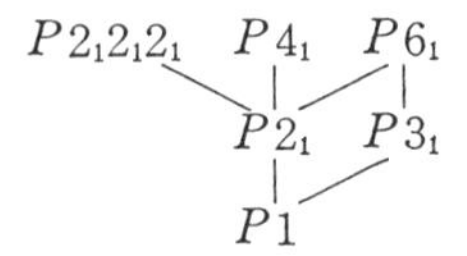

不動点の無い空間群のうち映進面のあるものは

Pc, Cc (何れも単斜),

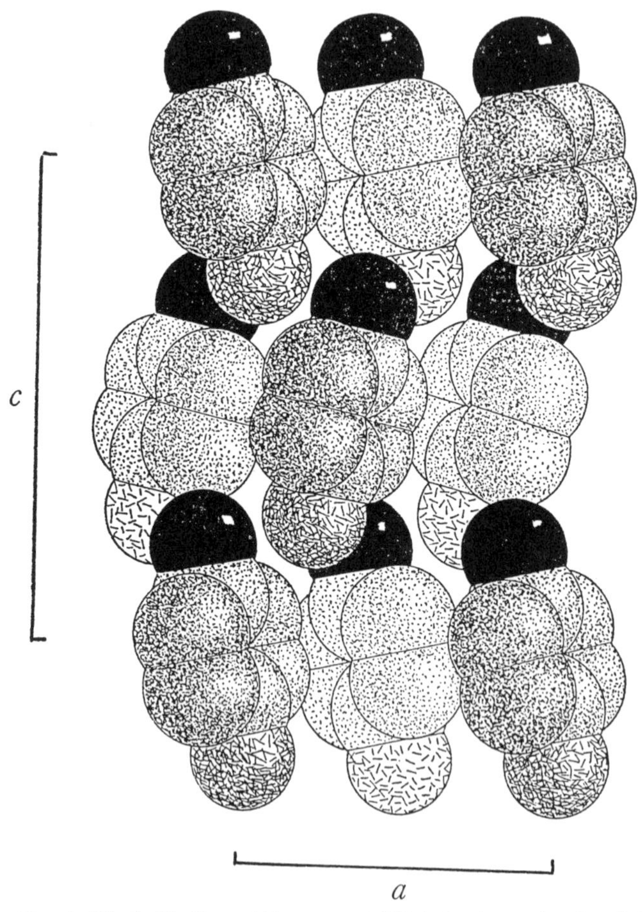

図 7.14　Wyckoff : Crystal Structures に描かれている *p*-aminophenol の結晶構造. 酸素原子は黒. (with Permission of J. Wiley & Sons)

$Pca2_1$, $Pna2_1$ (何れも斜方)

の4種である．ここに Pc は $P2_1/c$ の部分群で，単純単斜格子の b 軸に垂直に c 映進面があることを意味する．$Pca2_1$ は $Pbca$ の部分群である．

多くの結晶構造を集めて，きれいな図とともに載せてある有名な書に

R. W. G. Wyckoff : Crystal Structures, 2nd Ed. (Wiley-Interscience, 1963-1971)

がある．対角映進面 n を具えた $Pna2_1$ の構造をとる分子結晶の例をこの書からさがすと，

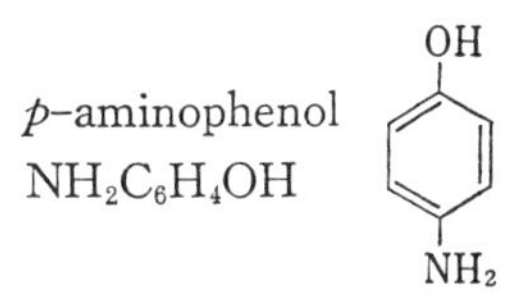

が見つかる(図7.14)．空間群 $Pna2_1$ が $Cmca$ の部分群になっていることが図を見るとよくわかる．この分子を軸対称・上下対称へと理想化すると，アセチレン分子 HC≡CH に似てくる．実際，アセチレンの低温結晶構造は $Cmca$ である．

§7.5 閉じた Euclid 空間形の分類

a) 2次元の場合

様子を知るためにもまず2次元で考える．2次元空間群の種類の数は17である．そのうち不動点の無いものは2種に限られる．一つは“映進線”の無いもので，これは3次元の $P1$ に対応する．他の一つは映進線のある種で，これは3次元の Pc を bc 面に投影したものに対応する．これらはそれぞれ記号 $p1$, pg で言い表わされる．ここに g は glide-reflection line が存在することを意味する．

2次元空間群 $p1$ の構造において，点Pから対称変換で移り行くことのできる点を描けば図7.15のようになる．この2次元構造では，これらすべての点Pは異なる位置にあるにもかかわらず，“そこからのながめ”は相等しい．この

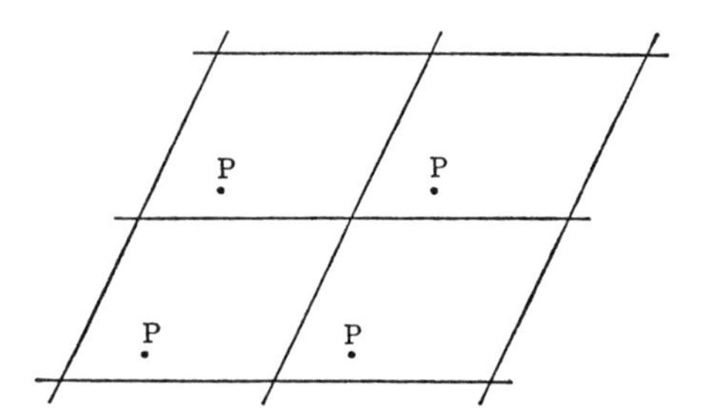

図7.15　閉じた2次元 Euclid 空間形のうち向きがつけられる種類.

意味で，これら諸点はたがいに対等である．対等な諸点を同一の点と約束してこの図を見直すならば，それは平坦なトーラスにほかならない．実際，この図はプロローグの図0.3と同じである．

2次元空間群 pg の構造において，点Pから対称変換で移りゆくことのできる点PとP′とを描けば，図7.16のようになる．PとP′との相違は次の通りである：いま点Pが正の向きに小円を描いて動くならば，点P′は逆の向きに小円を描く．すべてのPとP′とを同一の点と約束してこの図を見直すならば，それは平坦な Klein のつぼ(プロローグ図0.6)にほかならない．

このように，不動点の無い2次元空間群2種のおのおのについて，対称変換でたがいに移り得る点を同一視することにより，一つの平坦で閉じた2次元の Riemann 多様体が得られる．第2章で学んだ商空間を思い出せば，このことを次のように言うことができる：対称変換で移り得る2点を同値であると定義すれば，この同値関係による商空間は一つの平坦で閉じた2次元 Riemann 多

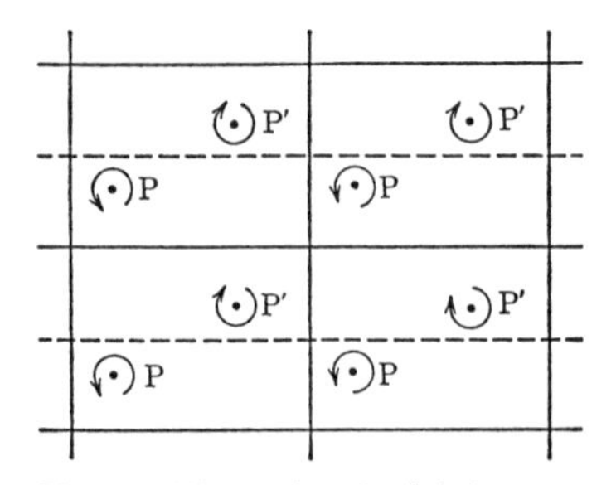

図7.16　閉じた2次元 Euclid 空間形のうち向きがつけられない種類.

様体である.

平坦な2次元 Riemann 多様体は，局所的に Euclid 平面と等長に対応がつけられる．このことから，平坦な2次元 Riemann 多様体のおのおのは2次元 Euclid 空間形と呼ばれる.

2次元空間群の記号を借用すれば，閉じた2次元 Euclid 空間形は向きがつけられる $p1$ と向きがつけられない pg との二つに分類される.

b) 3次元の場合

平坦な(すなわち曲率テンソルが零に等しい) 3次元 Riemann 多様体のおのおのを3次元 **Euclid 空間形** (Euclidian space form) と呼ぶ．2次元での議論と前節に得た結果とから，次のことが明らかであろう.

空間群の記号を用いれば，閉じた3次元 Euclid 空間形は，向きがつけられる6種

$$P1, P2_1, P2_12_12_1, P4_1, P3_1, P6_1$$

と，向きがつけられない4種

$$Pc, Cc, Pca2_1, Pna2_1$$

とに分類される．特に $P1$ は**平坦な3次元トーラス**と呼ぶべきものである.

閉じていないものをも含めて，Euclid 空間形の分類定理とその証明については，次の2書を参照するとよい.

佐々木重夫：微分幾何学(岩波講座　基礎数学，1977).

J. A. Wolf : Spaces of Constant Curvature (McGraw-Hill, 1967).

§7.6 宇宙の空間形

この宇宙には星雲がほとんど一様に散らばり，そして宇宙は膨張しつつある．その時空世界は零と異なる曲率を具えている．しかし空間部分だけに着目して3次元 Riemann 多様体を考える場合，その曲率が零であると理想化しても，特に観測結果と矛盾することはない．ここに平坦な3次元 Riemann 多様体を考える根拠がある.

とにかく，一時刻での宇宙が平坦な3次元 Riemann 多様体であると仮定し

よう．いいかえれば，現在の宇宙の形は3次元Euclid空間形のどれかであると仮定する．そうすれば，まず第一にこの空間形が閉じているか，あるいは閉じていないかということが問題となろう．もちろん観測からはどちらとも決められない．そこでどちらが簡単であるか，どちらが考えやすいか，という視点から比べることになる．閉じていない空間形の最も簡単な種類は3次元Euclid空間にほかならない．果たしてこれが最も考えやすい空間形であろうか？

この膨張宇宙を遠く過去へさかのぼってゆくと，高温高密度の状態になる．もし3次元Euclid空間を宇宙の空間形として採用すると，この初期の状態として，高温高密度で無限に広がっている宇宙を想定することになる．これに対して，もし閉じた空間形を採用すれば，過去にさかのぼるにつれて宇宙が小さくなり，初期の状態として，高温高密度に縮まった宇宙を想定することになる．これら二つを比べると，宇宙の全エネルギーが有限になる後者の方が考えやすいと“私には”思われる．とにかく，宇宙の形は閉じた3次元Euclid空間形のどれかであろうと考えても不自然ではない．

閉じた3次元Euclid空間形の分類については既に知っている．その最も簡単な種類は$P1$すなわち平坦な3次元トーラスである．

索　引

あ行

か行

さ行

た行

な行

は行

ま行

や行

ら行

著者略歴

木原太郎

1917年　東京に生れる
1941年　東京大学理学部物理学科卒業
　　　　東京大学名誉教授，理学博士
2001年　逝去

著　書　「導波管」（1948，復刻版 1972）
　　　　「分子間力」（岩波全書，1976）
　　　　Intermolecular Forces（一丸訳，Wiley 1978）
　　　　「化学物理入門」（岩波全書，1978）
　　　　「分子と宇宙」（岩波新書，1979）
　　　　「原子・分子・遺伝子」（東京化学同人，1987）

幾何学と宇宙［新装版］　UP 応用数学選書 9

1983 年 3 月 10 日　初　版
2018 年 9 月 20 日　新装版

［検印廃止］

著　者　木原太郎（きはらたろう）

発行所　一般財団法人　東京大学出版会
　　　　代表者　吉見俊哉
　　　　153-0041 東京都目黒区駒場 4-5-29
　　　　http://www.utp.or.jp/
　　　　電話　03-6407-1069　Fax　03-6407-1991
　　　　振替　00160-6-59964

印刷所　株式会社理想社
製本所　誠製本株式会社

© 1983 Taro Kihara
ISBN 978-4-13-065317-6　Printed in Japan

JCOPY〈㈳出版者著作権管理機構 委託出版物〉
本書の無断複写は著作権法上での例外を除き禁じられています．複写される場合は，そのつど事前に，㈳出版者著作権管理機構（電話 03-3513-6969，FAX 03-3513-6979，e-mail: info@jcopy.or.jp）の許諾を得てください．

UP 応用数学選書［新装版］

⑦最小二乗法による実験データ解析
——プログラム SALS

中川　徹・小柳義夫　3200円

⑧ジョルダン標準形

韓　太舜・伊理正夫　3200円

⑨幾何学と宇宙

木原太郎　3200円

⑩射影行列・一般逆行列・特異値分解

柳井晴夫・竹内　啓　3200円

ここに表示された価格は本体価格です．御購入の
際には消費税が加算されますので御了承下さい．